Zoom
ズーム

目指せ達人 基本&活用術

川上恭子・野々山美紀［著］

マイナビ

はじめに

ニューノーマル時代を迎え、私たちのコミュニケーションスタイルは、ビジネス・プライベート共に大きな変化を余儀なくされました。このような社会情勢の中での救世主となったのが、Zoomと言えるでしょう。

Zoomは遠隔地にいる相手と、映像や音声でリアルタイムにコミュニケーションが取れるツールで、在宅勤務であっても、海外にいる人とでも、コミュニケーションを取ることができます。多くの企業でリモートワーク、テレワークを実現するために導入され、その数を伸ばしています。

映像や音声だけでなく、チャットでテキストデータを送信したり、ファイルを送受信する機能も備えていて、パソコンに映し出されている画面を参加者と共有することもできます。また、パソコンやスマートフォン、タブレットなどさまざまなデバイスから参加することが可能であることもZoomの利用者が飛躍的に伸びている要因といえます。

活用の場はミーテングだけにとどまらず、音楽、スポーツ、教育などの分野にも広がっています。採用面接やオンライン研修、オンライン授業など、働き方が今後ますます多様化していくこれからの時代に適したツールといえます。また、ウェビナーを活用すれば、大きな会場を借りることなく、最大1万人の参加者を対象に、セミナーやコンサートの開催も可能です。

本書では、事前に何を準備したらいいのか、また会議に参加する側からの説明、会議を主催する側からの解説、ウェビナーを開催する場合の解説など基本的な操作から応用に至るまでZoomの機能を余すことなく盛り込んでいます。

会議に参加するだけでなく、ある日会議やウェビナーを主催する側になるかもしれません。そのような時にでも慌てることなく準備をして自信をもって取り組めるよう、丁寧な説明を心がけました。

最後になりましたが、本書の執筆にあたりまして、大変お世話になりました編集部の伊佐知子様にこの場をお借りして御礼申し上げます。

2021年2月
川上恭子、野々山美紀

Contents

●目次

はじめに ………………………………………………… 3

本書の使い方 …………………………………………… 10

※ スマホで使える機能は、各セクションにて「スマホの場合」として説明しています

Chapter1 Zoomを使い始める前に ……… 11

01 Zoomでできることは？ ……………………………… 12

02 無料と有料のプランの違いは？ ……………………… 15

03 Zoomが使える環境 …………………………………… 17

04 ブラウザ版とアプリ版はどう違うの？ ……………… 19

05 Zoomアプリのインストール（PC編）………………… 21

06 Zoomアカウントを登録しよう（PC編）……………… 23

07 スマホでZoomアプリを使えるようにする ………… 25

08 Zoomアプリの起動とサインイン…………………… 28

09 Zoomアプリの画面紹介 ……………………………… 30

10 プロフィールの設定 …………………………………… 32

11 便利なショートカットキーを確認しよう …………… 34

Chapter2 シナリオ別の使い方 ……… 37

01 リモートワークのミーティングツール ……………… 38

02 「定例ミーティング」はカレンダー機能と連携 ……… 40

03 プロジェクト管理はチャンネル作成がベスト ……… 42

04 Zoomで魅せる！プレゼンテーション ……………… 44

05 オンラインレッスンの実施 …………………………… 46

06	学校教育に活かすZoom	48
07	研修に活かすZoom	50
08	ウェビナーはオンラインセミナーやイベントに最適	52
09	オンデマンド型資料(動画教材) の制作	54
Column	Zoomのセキュリティ対策	56

Chapter3　ビデオ会議の前の準備 …… 57

01	ビデオ会議を始める前の用意	58
02	回線を確保する	62
03	始める前にマイクとカメラのテストをしよう	63
04	バーチャル背景を利用する	70
05	バーチャル背景は失礼ではない?	73
06	自分の名前を変更する	74
07	映像をきれいにする	76
08	映像加工アプリを使ってみる	79
09	スマホから映像を取り込む	83

Chapter4　ビデオ会議に参加する …… 85

01	リンクからアプリを開いてログインする	86
02	会議に参加する	89
03	他の参加者を確認する	92
04	会議に参加してから名前を変更する	94
05	音声をミュートにする	97
06	画面の表示を変更する	99
07	参加者側から画面を共有する	101
08	画面分割を変更する	104

09 共有された画面にコメントをつける 106

10 相手に画面操作の権限を渡す 109

11 画面共有の前に気を付けておきたいこと 111

12 会議中に「挙手」をする 113

13 主催者にフィードバックを送る 115

14 会議中にチャットを行う 118

15 チャットでファイル添付をする 121

16 ファイル添付できない大きなファイルはクラウドを使おう 123

17 プライベートチャットを行う 127

Chapter 5　ビデオ会議を主催する 131

01 新しい会議ミーティングを予約する 132

02 頻繁に会議を行うメンバーを連絡先に登録する 135

03 予約した会議に参加者を招待する 138

04 会議を開始する 141

05 ホストと共同ホストの違い 145

06 会議中の画面表示を変更する 147

07 会議中に新しい参加者を招待する 150

08 参加者の音声をミュートにする 153

09 会議中に参加者の映像を非表示にする 155

10 会議を録画・録音する 156

Column ビューの設定によって録画画面が異なる 159

Column 参加者が会議の録画をできないようにしたい 159

11 録画の保存先をクラウドに変更する 161

12 会議中のセキュリティを高める 163

13 ホスト側の画面を共有する 166

14 共有した画面にホストから書き込み、保存する 169

15 画面共有でホワイトボードを使う ……………… 171

16 スマホやタブレットの画面を共有する ……………… 173

17 画面共有時の背景にプレゼン資料を使う ……………… 175

18 会議中のチャットの内容を保存する ……………… 177

19 ブレイクアウトセッションとは何か ……………… 179

20 グループ分け(ブレイクアウトルーム)の準備 ……………… 181

21 ブレイクアウトセッションの開始と終了 ……………… 183

22 ブレイクアウトルームと参加者を事前登録する ……………… 188

23 会議の記録履歴を確認する ……………… 191

Chapter 6 ビデオウェビナーを主催する ……………… 193

01 ウェビナー実施に向けた準備 ……………… 194

02 新しいウェビナーをスケジュールする ……………… 196

03 事前登録画面を作成する ……………… 200

04 参加者(パネリスト)を招待する ……………… 203

05 参加者(一般)を招待する ……………… 205

06 ウェビナーの招待が届いたら ……………… 207

07 投票画面を作成する ……………… 211

08 アンケートを作成する ……………… 213

09 質疑応答(Q&A)を設定する ……………… 216

10 リハーサルを行う(実践セッション) ……………… 217

11 ウェビナーを開始する ……………… 219

Column 開始時刻までウェルカム画面を表示する ……………… 221

12 ウェビナーに参加する ……………… 222

13 ウェビナー進行上の留意点と操作 ……………… 226

14 ウェビナーの終了 ……………… 231

Chapter7 その他の設定 ⸺ 233

01 チャンネルを作成する ⸺ 234
02 チャンネルにメンバーを追加する ⸺ 236
03 チャンネル内のメンバーとメッセージをやり取りする ⸺ 238
04 メンバー間でファイルを共有する ⸺ 240
05 チャンネルのメンバーでミーティングを開始する ⸺ 242
06 Zoomで録画した内容を動画教材として活用する ⸺ 243
Column 参加者が参加・退出する際にわかるように設定したい ⸺ 245
Column PCにレコーディングする場合の保存先を変更したい ⸺ 245
07 Googleカレンダーと連携して定例ミーティングを予約したい ⸺ 246
Column PC起動時にZoomを自動的に起動する ⸺ 248
Column Zoom利用中、一時的に連絡が来ないようにしたい ⸺ 248
Column Outlookとの連携 ⸺ 249
Column ミーティングのリマインダーを設定する ⸺ 249
Column 有料アカウントなのに「共同ホスト」の設定ができない ⸺ 250
Column 動画の音声が聞こえない ⸺ 250
08 自分の音声が相手に聞こえない ⸺ 251
Column 音声が小さい ⸺ 252
Column スマホのマイクとカメラ ⸺ 252
09 バージョンアップへの対応 ⸺ 253

索引 ⸺ 254

著者プロフィール

川上恭子（かわかみ　きょうこ）

総合電機メーカーのインストラクターや新人教育の講師から専門学校教員を経て、現在は株式会社イーミントラーニング代表。書籍や雑誌等の執筆業務、人材育成ニーズを的確に捉えた研修やeラーニングなどの教育業務に携わる。また「知的好奇心を引き出す」をキーワードに、大学や専門学校でIT関連やヒューマンスキルの講義を展開している。

著書：
『Excel VBAでデータ分析』(マイナビ出版)
『速効!図解Windows 10総合版』(マイナビ出版)

野々山美紀（ののやま　みき）

電機メーカーにてITインストラクターとしての経験を経て、教育業界へ転向。現在は、大学非常勤講師、人材育成コンサルタントとして、研修の企画、教材作成、講師として年間200本の登壇実績を持つ。「オンラインでも成果を引き出す研修」として、Zoomを利用した効果的な研修運営にも定評がある。

著書：
『Word＆Excel＆PowerPointのスキルが身につく本』(マイナビ出版)
『魅せるPowerPointテクニック』(マイナビ出版)

本書の使い方

◎重要なポイントが箇条書きになっているからわかりやすい！
◎画面と操作手順でしっかり解説
◎もっと詳しく知りたい人にヒントとコラムで説明
◎スマホ版の説明も充実

重要なポイントは、
まずここで確認しましょう

ていねいな操作手順があるので
操作に迷うことがありません

09 会議中に参加者の映像を非表示にする

Point
●ビデオ映像を非表示にしたい場合、ホストは参加者のビデオをオフにできる
●ビデオのオンは参加者へ依頼できる

1 [ビデオの停止]を選択する

ビデオをオフにしたい参加者
の映像をポイントして[…]を
クリックし、[ビデオの停止]
を選択します。

❶ポイントして
❷クリック
❸クリック

2 参加者の映像が非表示になった

ビデオ映像が非表示になり
ます。

映像が非表示になった

HINT ビデオの開始を
依頼する

ホスト側から参加者のビデオの開
始を強制操作することはできませ
ん。[…]をクリックして、[ビデオ
の開始を依頼]を選択します。

効果的な機能の
使い道や、
詳しい情報なども
紹介しています

📱 スマホの場合

スマホ版も
操作手順つきで
紹介しています

※一部スマホの
説明を省略している
機能もあります

1 ビデオオフしたい参加者を選ぶ

会議中に[参加者]ボタンをタップしたあと、
参加者をタップします。

参加者をタップ

2 [ビデオの停止]を選択する

[ビデオの停止]をタップします。

タップ

155

Chapter1
Zoomを使い始める前に

Zoomはオンラインで利用できるミーティングツールで、無料で使い始めることができます。Chapter 1では、Zoomでできることや、無料プランと有料プランの違いを説明します。また、インストールや基本設定などの操作を解説します。

01 | Zoomでできることは？

Point
- ●Zoomは、オンラインミーティングに欲しい機能がすべて網羅されている
- ●Zoomには、"無料"や"シンプルな操作性"以外にも様々な特徴がある
- ●Zoomは、ミーティング以外にも活用の幅が広い

Zoomの特徴はなに？

Zoomは、オンラインで利用できるミーティングツールで、無料でスタートできる点が大きな特徴です。近年、Zoomの導入数が爆発的に伸びた背景には、働き方の多様性を踏まえた社会情勢だけではなく、Zoomが選ばれる理由となる様々な特徴があるからです。

■ 特徴その1：「主催者」(ホスト)と「参加者」で役割を分けている

Zoomは、ミーティングに特化したツールであるため、ミーティングを開催する「主催者」と「参加者」で役割を分けています。主催者は「ホスト」と呼ばれ、ミーティングの開催や進行を司る存在であり、ホスト側で利用できる機能や権限を有します。

■ 特徴その2：参加者はアカウント不要でミーティングに参加できる

LINE等のビデオ通話サービスを利用する場合は、アカウント登録が必須ですが、Zoomでは、参加者は主催者から渡された会議通知のリンクから簡単に参加できます。アカウント登録不要でオンラインの会議に参加できる点がZoomの大きな特徴です。

■ 特徴その3：様々な端末（スマートフォン・タブレット等）から利用できる

スマートフォンやタブレット等の端末にZoomアプリをインストールすれば、パソコン以外の端末でもZoomミーティングに参加できます。iOSやAndroidにも対応しています。

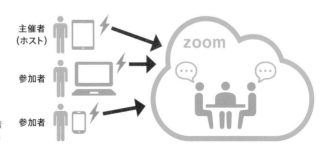

ホストから招待された参加者
はアカウント不要で参加できる

Zoomでできること

Zoomは、オンラインのコミュニケーションツールとして、ビジネスやプライベートで活用できる様々な機能があります。

■ ミーティング（会議・打ち合わせ）

社内や社外のメンバーと、オンラインでミーティングを開催・参加できます。定期的に開催するミーティングをスケジュールすることも可能です。

■ 採用活動（面接）

個別面接やグループ面接など、Zoomを使って採用活動（就職活動）における面接を実施している企業も多くなりました。

■ 教育（研修・授業）

教育ツールとしてZoomを活用し、リアルタイムでセミナーや授業を実施できます。Zoomの「画面共有機能」で、資料を見せながら講義したり、「ブレイクアウトセッション機能」を使えば、グループごとにディスカッションやワークを実施できたりします。

■ イベント（セミナー・講演）

ウェビナー機能を使うと、最大10,000人までの大きなイベント開催ができます。あらかじめ登録した映像を参加者に視聴させたり、ライブ配信をしたり等も可能です。

■ 動画制作

Zoomの録画機能を使えば、動画の制作ができます。セミナーや授業の内容を録画保存し、オンデマンド型の動画教材として配信することも可能です。

面接　研修・授業　オンデマンド型資料制作　大規模セミナー・イベント　ミーティング・会議

これまで対面で実施していたミーティングなどのコミュニケーションは、Zoom上で実現できる

■ ビデオ会議

参加者同士が自由に意見交換できます。カメラを使って互いの顔を見ながら話し合うことができる点が便利です。

■ チャット

チャット機能を使ってメッセージを送ることができます。全員に対しても送信可能ですし、特定の参加者に対してプライベートチャットを送ることもできます。

■ 画面共有

デスクトップ上で開いているPowerPointのスライドや、他のアプリケーションで作成したファイル、画像、動画を、画面共有機能を使って参加者全員で共有できます。画面共有には、「ホワイトボード」が用意されており、参加者全員でホワイトボードに書き込むことも可能です。

画面共有機能を使うと、参加者全員で資料を見ながら情報交換できます

■ ブレイクアウトセッション

参加者を複数のグループに分けた後、各グループに参加者を割り当てて、小集団でミーティングやワークを実施することができます。グループ内で画面共有することも可能です。

■ レコーディング

Zoomミーティングの内容を録画できます。録画した内容はMP4形式の動画として保存できます。

■ スケジュール・連絡先

ミーティング主催者は、開催するミーティングをあらかじめスケジュール設定しておくことができます。毎週実施する定例ミーティング等を設定しておくことも可能です。また、社内や外部など、連絡先を登録しておくことができます。ミーティングに招待する際も、すぐに連絡ができて便利です。

02 無料と有料のプランの違いは?

Point
- まずは無料でスタートし必要に応じて有料プランも検討しよう
- 最も大きな違いは、ミーティング時間と参加者数
- ウェビナー機能は有料プランで利用できる

有料プランはどんなメリットがある?

Zoomには、無料プランと有料プランがあります。無料の基本プランでも、ミーティング開催は可能ですが、時間制限をなくす等、有料プランにすることで、得られるメリットが多くあります。

有料プランは3つあり、金額によって設定できるライセンス数や参加者の人数等が異なります。個人利用なら、まずは無料から始めて、利用頻度や形態に合わせて有料プランに移行するのも良いでしょう。また、有料プランの選び方は規模に応じて、個人事業主などフリーランスはPro、中小企業はBusiness、大企業はEnterprise、と考えるとよいでしょう。また、ここには掲載していませんが、教育機関向けのEducationもあります。

■ プラン比較一覧

	無料 (基本)	有料		
		プロ	ビジネス	企業
ミーティング時間	40分	無制限	無制限	無制限
取得ライセンス数	—	最大9	最大99	50以上
参加者の数	100人	100人	300人	500人
共同ホスト機能	×	○	○	○
録画・録音	○ (ローカル)	○ (ローカル・クラウド)	○ (ローカル・クラウド)	○ (ローカル・クラウド)
画面共有	○	○	○	○

有料プランで利用できる主な機能

　有料プランの最大のメリットは、利用時間が無制限であることです。また、時間制限以外にも有料プランで利用できる便利な機能が様々あります。ビジネスでZoomを使いたいなら、有料プランを選択することも検討しましょう。

■ 共同ホストの設定

　ミーティング主催者である「ホスト」と同じような権限を持たせたい場合、「共同ホスト」の設定が可能です。共同ホストは、参加者の音声のミュートや名前の変更なども可能です。また、ブレイクアウトセッション時は、共同ホストは各グループを巡回して参加することもできます。

■ 録画内容のクラウド保存

　無料プランで録音・録画した場合、データは使用している端末に直接保存されます。有料プランに契約した場合は、クラウド上に保存することが可能です。

■ ウェビナー開催

　「ウェビナー」とは、「ウェブ上で開催されるセミナー」という意味の造語です。ウェビナーを開催したい場合は、有料プランを契約し、さらにアドオンを追加する必要があります。

03 | Zoomが使える環境

 Point
- ●参加者はスマホ一つでミーティングへの参加が可能
- ●通信環境はWi-Fiも可能だが、安定した高速回線がベスト

Zoomを使うためのシステム要件

Zoomは、パソコンの他にスマートフォンやタブレットなど様々な端末で利用できますが、オペレーティングシステム（OS）等のバージョンを確認しておく必要があります。なお、最新のシステム要件は、Zoom公式サイト（https://support.zoom.us/）で確認しましょう。

■ サポートされているOS

パソコン	スマートフォン／タブレット
● Windows 10 ● Windows 8または8.1 ● Windows 7 ● macOS XとmacOS 10.9以降　　他	● iOS 8.0以降 ● Android 5.0x以降 ● Surface PRO 2またはWin 8.1以降 ● iPadOS 13以降

■ サポートされているWebブラウザ

Windows	Mac
● IE ● Edge ● Firefox ● Chrome	● Safari 7+ ● Firefox 27+ ● Chrome 30+

必要な通信環境

　快適なZoomミーティングを進行する上で大切なのが、利用する場所の通信環境です。リモートワークなどで、自宅からZoomを利用する場合は回線速度に問題がないかを確認しましょう。

■ 接続形態と推奨速度

接続形態	パソコン：有線（LAN）、Wi-Fi スマートフォン／タブレット：Wi-Fi、モバイル通信（4G/5G/LTE等）
推奨速度	高品質ビデオ：600kbps（上り／下り） HDビデオ：1.2 Mbps（上り／下り） ※主催者は、ギャラリービュー利用時は、1.5 Mbps（上り／下り）推奨

■ 接続例

自宅で光回線を契約してルーターで複数の端末に接続している例

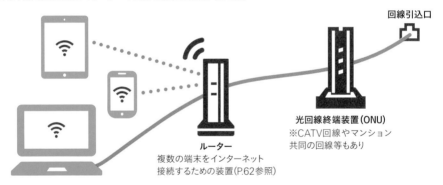

回線引込口

光回線終端装置（ONU）
※CATV回線やマンション
共同の回線等もあり

ルーター
複数の端末をインターネット
接続するための装置（P.62参照）

 自宅での通信状態は接続機器も確認しよう

使用している無線の規格が最新で、光回線を契約しているにも関わらず、音やビデオ映像に途切れが発生する場合があります。接続機器は、ONUとよばれる光回線終端装置のほか、複数の端末を接続するために「ルーター」を使っていることがあります。このルーターが新しい通信規格に対応していないことにより、通信トラブルが発生する場合があります。「遅い」「途切れる」等の症状がある場合は、ルーターも確認してみましょう。

 主催者は有線環境がベスト

主催者（ホスト）は、ミーティングそのものが中断しないように安定した通信環境を整えるため、無線（Wi-Fi）より有線（LAN）で接続することがのぞましいでしょう。

04 ブラウザ版とアプリ版はどう違うの?

Point
- ●インストール制限されている端末ではブラウザ版でミーティング参加
- ●アプリ版はブラウザ版に比べてメリットが多い

ブラウザ版を利用する場面

Zoomの利用者が増えるにつれ、ブラウザ版よりアプリ版を使うユーザーが増えてきました。では、アプリ版を使わずにブラウザ版を使う場面はどのようなときでしょうか。

■ パソコンがインストール制限されている場合

企業から社員に貸与されているパソコンは、インストールに制限をかけている場合があります。アプリがインストールできない端末からZoomミーティングに参加する場合は、ブラウザ版を利用します。

■ 外出先でレンタルした端末を利用する場合

例えば外出先でパソコンを使いながらZoomミーティングに参加したい場合は、ブラウザ版を使うことがおすすめです。特に不特定多数が利用するようなパソコンでは、自分のアカウント履歴などを残さず利用することが大切です。

ブラウザから「zoom.us」にアクセスし、[ミーティングに参加する]をクリックするとブラウザ版でミーティングに参加できる

■ ミーティングへの入室がスムーズ

　アプリ版は、ログインやミーティングへの入室が簡単です。ブラウザ版は、セキュリティの関係でミーティングへ入室するまでにいくつかのステップを経る必要があります。

■ 操作がシンプルで使いやすい

　アプリ版は、「ホーム」と呼ばれるスタート画面や、ミーティング中の画面の操作がとてもシンプルで使いやすいことが特徴です。また、利用できるコマンドボタンも分かりやすくミーティングに邪魔にならない表示で統一されています。

■ 通信量を減らすことができる

　アプリ版は、ミーティング進行時で使う機能に必要なデータが保存されています。そのため通信に負荷がかからず通信量の削減につながります。ブラウザ版では、その都度必要なデータを読み込みながら進行するため通信量が増え負荷がかかります。

■ ブラウザの種類による制限がない

　アプリ版は、ブラウザの種類に依存しないため、画面共有できない等のトラブルも発生しません。ブラウザ版では、使用するブラウザの種類によっても、機能が制限される場合があります。

アプリ版の起動直後の「ホーム」

アプリ版のミーティング画面。下部に表示されるボタンが大きく、シンプルで直感的に操作ができる

05 Zoomアプリのインストール （PC編）

Point
- 通常のアプリは無料でインストール可能
- アプリのインストールはWebサイトの「ダウンロード」項目からスタートする
- インストールは常に新しいバージョンで行われる

Zoomのダウンロード

ここで使用するブラウザは、「Google Chrome」ですが、「Microsoft Edge」等の他のブラウザでも同様のステップです。

1 ZoomのWebサイトを開く

ブラウザのアドレスバーに「zoom.us」と入力し、ZoomのWebサイトを表示します。

2 ダウンロード項目を選ぶ

ウィンドウの下部へスクロールし、「ダウンロード」一覧の「ミーティングクライアント」をクリックします。

3 ダウンロードを開始する

「ミーティング用Zoomクライアント」の[ダウンロード]ボタンをクリックします。

バージョンの確認

[ダウンロード]の右側には、Zoomアプリのバージョンが表示されます。常に最新のものがダウンロードできます。

Zoomのインストール

1 ダウンロードファイルを開く

ダウンロードしたファイルが表示される個所の ☑ をクリックして、[開く]を選択します。

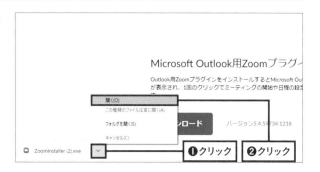

2 Zoomが起動する

インストールが正しく終了すると、Zoomのアプリが起動します。

06 Zoomアカウントを登録しよう（PC編）

Point
- ●ミーティング主催者になる場合は、アカウント登録が必要
- ●アカウントを登録する際は、メールアドレスが必要

ブラウザからサインアップ

1 サインアップを開始する

ブラウザのアドレスバーに「zoom.us」と入力して、ZoomのWebサイトを表示します。[サインアップは無料です]をクリックします。

❶「zoom.us」と入力

❷クリック

2 生年月日を設定する

生年月日を設定して、[続ける]をクリックします。

検証のために、誕生日を確認してください。

1976年　3月　13日　続ける

このデータは保存されません

❶入力　❷クリック

3 登録するメールアドレスを入力する

Zoomのアカウント登録で使用するメールアドレスを入力し、[サインアップ]をクリックします。

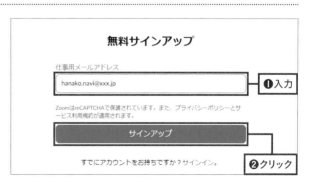

無料サインアップ

仕事用メールアドレス

hanako.navi@xxx.jp

❶入力

ZoomはreCAPTCHAで保護されています。また、プライバシーポリシーとサービス利用規約が適用されます。

サインアップ

すでにアカウントをお持ちですか？サインイン。

❷クリック

4 メール画面から登録を再開する

登録したアドレスのメールを
開きます。[アカウントをアク
ティベート]をクリックします。

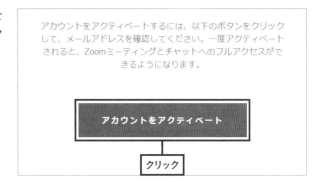

5 表示名やパスワードを設定する

ブラウザが開いたら、アカウン
ト登録する際の姓名を入力し
ます。
パスワード入力します。

6 次の手順に進む

ロボットではないことを示す
操作をして、[手順をスキップ
する]をクリックします。これ
でアカウントの登録が完了し
ました。

💡 **HINT　友達を招待する**

登録したアカウントですぐにミー
ティングを開催する場合は、[招待]
をクリックします。

07 スマホでZoomアプリを使えるようにする

Point
- スマホ版のZoomは、アプリストアから入手する
- インストールができたらZoomのアカウントを登録する

Zoomのインストール

本書ではiPhoneにインストールする方法を解説します。

1 アプリをダウンロードする

App Storeを開いて、「Zoom」を検索して結果一覧から「ZOOM Cloud Meetings」を入手します。

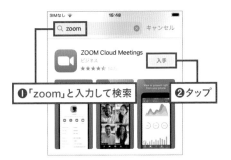

2 インストールを開始する

インストールするアプリ名を確認して、インストールを開始します。

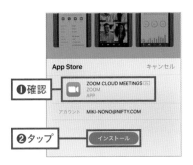

3 Zoomを開く

インストールが終了したら、Zoomを開いて起動します。

4 Zoomが起動する

Zoomが起動してインストールが正しく終了したことが確認できます。

Zoomのインストールが終了したら、サインアップを実行してアカウントの登録を行います。

1 サインアップを開始する

「Zoom Cloud Meetings」アプリを起動して[サインアップ]をスタートします。

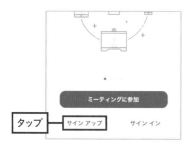

HINT サインインですぐに使う

すでにアカウントの登録を終えている場合は、[サインイン]をクリックします。

2 生年月日を設定する

利用に同意するための手順として、生年月日を設定し、[確認]ボタンをタップします。

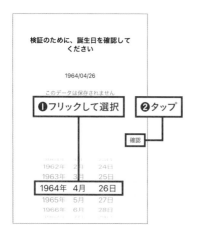

3 メールアドレスと名前の入力

Zoomのアカウントで登録するメールアドレスと姓名を入力して、[サインアップ]をタップします。

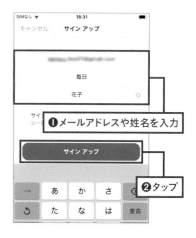

4 確認メールが送信される

登録したメールアドレス宛てにメールが送られたことを確認します。

5 メールからアカウントを有効化する

メールアプリを起動して、受信したメールを開きます。さらに、[アカウントをアクティベート]をタップします。

6 名前とパスワードを入力する

ブラウザ（ここではSafari）が起動してアカウント情報を入力する画面が表示されます。名前とパスワードを入力して、[続ける]をタップします。

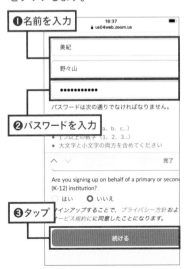

7 ユーザーの追加をスキップする

ミーティングのメンバーを登録できる画面はスキップします。

8 アカウントの登録が完了した

アカウントの登録が完了すると、[Zoomミーティングを今すぐ開始]。ボタンが表示されます。これで、アカウント登録ができました。

Point
- 登録したアカウントでサインインすると、Zoomアプリのホームページが表示される
- 複数のアカウントを持っている場合は、アカウントの切り替えでサインインしなおす

Zoomアプリでサインインする

アプリのインストールとアカウントの登録が完了したら、サインインしてZoomアプリを使ってみましょう。以下はPC画面での操作です。

1 サインインを開始する

Zoomアプリを起動し、[サインイン]
をクリックします。

2 メールアドレスとパスワードを入力する

アカウント登録した際の、メールアドレスとパスワードを入力します。
[サインイン]をクリックします。

3 サインインが完了した

サインインが完了すると、Zoomアプリの[ホーム]画面が表示されます。

別のアカウントでサインインする

複数のアカウントを取得している場合は、アカウントを切り替えて利用します。

1 アカウントの切り替えを選択する

サインインしたアカウントの
ボタンをクリックして、[アカ
ウントの切り替え]を選択し
ます。

2 アカウント情報を入力する

アカウント登録した際の、メー
ルアドレスとパスワードを入
力します。
[サインイン]をクリックします。

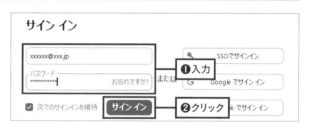

TIPS　プランやバージョンの確認

登録したアカウントのプランを確認し
たい場合は、Zoomのホームページの
アカウントの表示ボタンをクリックしま
す。「ベーシック」と書かれているのは、
無料プランで登録したアカウントを意
味しています。
また、[アップデートを確認]をクリック
すると、使用しているZoomアプリが最
新のバージョンであるかをチェックしま
す。新しいバージョンがある場合は、更
新も可能です。

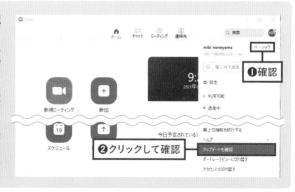

Point
- ●Zoomはシンプルな操作性で直感的に操作ができる
- ●[ホーム]画面は、ミーティング開催の予約やスタート様々な設定変更が可能
- ●[ミーティング]画面では、操作メニューと表示ボタンの役割を確認しよう

[ホーム]画面

　サインイン直後の画面を[ホーム]と呼びます。主催者としてミーティングをスケジューリングしたり、ミーティングを開始したりする場合は、ここからボタンを選んで操作します。また、ミーティングに参加したい場合も、[ホーム]から参加することができます。

❶新規ミーティング	自分が主催者となって、新規のミーティングを開催するボタンです
❷参加	ミーティングへ参加する際にこのボタンから入室できます。主催者から連絡されているIDやパスワードを入力して入室します
❸スケジュール	主催者となってミーティングを開催する場合のスケジュールを予約することができます
❹アカウント	現在サインインしているアカウントの確認ができます
❺設定	Zoomミーティング時の各種設定(オーディオや画面の共有、レコーディング等)の変更を行うことができます

ミーティングの画面

　ミーティング画面では、ミーティングコントロール（操作メニュー）のボタンの役割を覚えておきましょう。また、ミーティング画面は、主催者側と参加者側で表示が異なります。

ミーティング画面（参加者側）
❶参加者側のミーティングコントロールは、限られた機能のみボタンが利用できる

ミーティング画面（主催者側）
❷主催者側のミーティングコントロールはボタンが参加者より多く表示される

■ ミーティングコントロールの役割

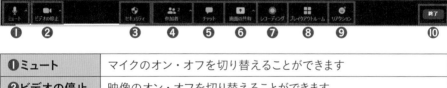

❶ミュート	マイクのオン・オフを切り替えることができます
❷ビデオの停止	映像のオン・オフを切り替えることができます
❸セキュリティ	安全で円滑なミーティングを進行するために、参加者が使用できる機能の制限を設定できます
❹参加者	ミーティング参加者や、待機室で入室の許可を待つ参加者の一覧を表示します
❺チャット	参加者全員や特定の参加者に向けてテキストメッセージを送ります
❻画面の共有	参加者に向けて資料を画面で共有します
❼レコーディング	ミーティングの画面と音声を録画・録音します
❽ブレイクアウトルーム	小グループに分かれてミーティングを行うためにグループを作成し、参加者を振り分けます
❾リアクション	ミーティングの話し合いや意見に対して、「賛成」等の意思表示をアイコンで送ります
❿終了	ミーティングから退室したり、主催者側でミーティング全体を終了したりできます

プロフィールの設定

プロフィールの表示

　Zoomのアカウントを登録する際に入力した名前は、ミーティング中も変更できますが、登録した名前そのものを変更する際は、ブラウザの「プロフィール」画面で設定します。

1 ブラウザからサインインする

ZoomのWebサイトから[サインイン]をクリックし、メールアドレスとパスワードを入力して、[サインイン]をクリックします。

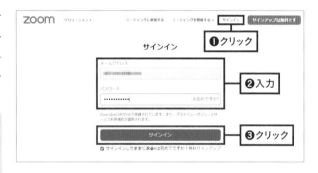

💡HINT **アプリのホームページから変更する**

アプリ版のZoomホームページのアカウントボタンをクリックして、[自分のプロフィール]を選択すると、自動的にブラウザのサインイン画面が表示されます。

2 プロフィールの編集画面を表示する

[編集]をクリックします。

プロフィール（名前・画像）の変更

プロフィール画面で設定した内容は、ミーティング中の表示などに反映されます。特に名前や画像は、あらかじめ設定しておくと良いでしょう。

1 プロフィール内容を修正する

名前を入力します。その他の情報を必要に応じて、設定および入力し、画像下の[変更する]をクリックします。

💡 **HINT**

名前は「名」「姓」の順で表示される

Zoomで名前を設定した際は、「名」の後に「姓」が表示される仕組みになっています。「姓名」の順で表示したいときは、ミーティングに参加する際やミーティング中に名前を変更しましょう。

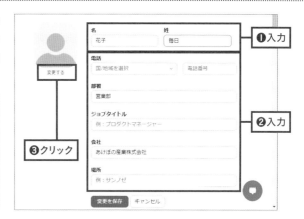

2 画像を選択してアップロードする

[アップロード]をクリックします。画像を選択して、[開く]をクリックします。

💡 **HINT**

選んだ画像はビデオオフの際に表示される

ここで選択した画像は、ミーティング中に、ビデオをオフにした際に表示されます。

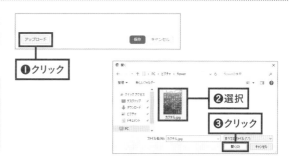

3 表示する画像の領域を指定する

選択した画像で表示したい領域をドラッグで移動し、[保存]をクリックします。
内容を確認して[変更を保存]をクリックします。

11 便利なショートカットキーを
確認しよう

Point
- ●ボタンをポイントするとショートカットキーがヒント表示
- ●よく使うショートカットキーの有効化を設定しよう
- ●ミーティング中によく使うのは、マイクやカメラのオン・オフの切り替え

ミーティング中によく使うショートカットキー

　ミーティング画面で表示されているミーティングコントロールのボタンのオン・オフの切り替えは、ショートカットキーで覚えておくと便利です。

1 ショートカットキーを確認する

ミーティングコントロールのボタンをポイントすると、ショートカットキーが表示されます。

HINT 表示されない
ボタンもある
[反応]ボタン等、ショートカットキーが効かないものもあります。

2 ショートカットキーを使う

ポップヒントで表示されるショートカットキーを押します（ここでは、スペースバーを長押し）。
マイクのミュートが一時的に解除されます。

ショートカットキーを確認する

Zoomアプリで使用できるショートカットキーを確認してみましょう。

1 [設定]画面を表示する

[ホーム]画面の[設定]ボタン
をクリックします。

2 [キーボードショートカット]を選択する

一覧から[キーボードショート
カット]を選択します。
設定されているショートカット
の一覧が表示されます。

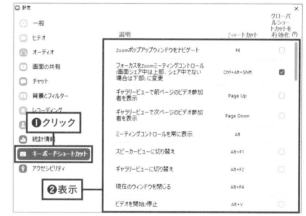

> 💡 **HINT**
> **グローバルショート
> カットを有効化**
>
> [グローバルショートカットを有効
> 化]にチェックを付けると、Zoom
> をバックグラウンドで起動中でも、
> ショートカットが有効になります。

> 🎓 **TIPS**
> **オリジナルのショートカットキーを設定する**
>
> よく使う機能のショートカットキーを自分用にカスタマイズして変更することができます。

🔴 レコーディング	ギャラリービューで次ページのビデオ参加者を表示	Page Down	☐
👤 プロフィール			
📊 統計情報	ミーティングコントロールを常に表示	Alt	
⌨ **キーボードショートカット**	スピーカービューに切り替え	Alt + K	☐
ⓘ アクセシビリティ	ギャラリービューに切り替え	Alt + F2	☐
	現在のウィンドウを閉じる	Alt + F4	
	ビデオを開始/停止	Alt + V	

変更したいショートカット
をクリックし、変更後の
ショートカットキーをキー
ボードから押すと、変更さ
れます。
※[デフォルトをリストア]
をクリックすると、元の設
定に戻ります。

ショートカットキー一覧

ミーティング中によく使うショートカットキーの一覧を表示します。

操作	ショートカットキー
ギャラリービューで前画面のビデオ参加者を表示 ※参加者全員が一画面に収まらず、複数画面に表示される場合	PageUp (control + P)
ギャラリービューで次画面のビデオ参加者を表示 ※参加者全員が一画面に収まらず、複数画面に表示される場合	PageDown (control + N)
スピーカービューに切り替え	Alt + F1 (shift + ⌘ + W)
ギャラリービューに切り替え	Alt + F2 (shift + ⌘ + W)
ビデオを開始/停止	Alt + V (shift + ⌘ + V)
自分のオーディオをミュート/ミュート解除	Alt + A (shift + ⌘ + A)
ホスト以外のユーザーのオーディオをミュート/ ミュート解除(ホストのみ利用可能)	Alt + M (control + ⌘ + M)
画面共有を開始/停止	Alt + S (shift + ⌘ + S)
共有可能なウィンドウやアプリケーションの表示 /非表示	Alt + Shift + S (shift + ⌘ + S)
画面共有の一時停止/再開	Alt + T (shift + ⌘ + T)
ローカルレコーディングを開始/停止	Alt + R (shift + ⌘ + R)
クラウドレコーディングを開始/停止(有料のみ)	Alt + C (shift + ⌘ + C)
レコーディングを一時停止/再開	Alt + P (shift + ⌘ + P)
カメラの切り替え	Alt + N (shift + ⌘ + N)
全画面モードを開始/終了	Alt + F (shift + ⌘ + F)
ミーティング中チャットパネルの表示/非表示	Alt + H (shift + ⌘ + H)
参加者パネルの表示/非表示	Alt + U (⌘ + U)
手を挙げる/降ろす	Alt (option) + Y
ミーティングの終了	Alt + Q (⌘ + Y)

※カッコ内のキーはMac用です

Chapter2

シナリオ別の
使い方

この章では、様々なシチュエーションでのZoomの使い方を紹介します。Zoomにはたくさんの機能があり、うまく使えばいろいろな場面で活躍します。機能の多さに振り回されてしまわないよう、うまくコツをつかむようにしましょう。この章ではあくまでZoomでできることの概要を説明し、具体的な操作方法は、3章以降で説明します。

01 リモートワークの ミーティングツール

Point
- Zoom利用は社内のメンバーとのミーティングや会議などが多い
- 自宅から、カフェから、どこからでもすぐに打ち合わせできる

どこからでもミーティングに参加できる

　Zoomは、ミーティングに関する機能が充実しているため、よく使われるのが、社内のメンバー同士の会議や打ち合わせです。互いの顔を見ながら会話できるだけでなく、話ができない場所から参加している場合は、チャット機能で対応することもできます。端末を選ばないZoomだからこそ、どこからでもメンバー同士でつながることができます。

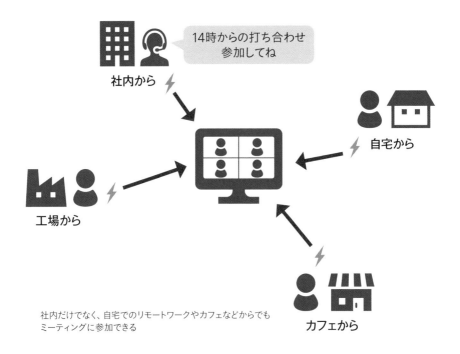

14時からの打ち合わせ
参加してね

社内から

自宅から

工場から

カフェから

社内だけでなく、自宅でのリモートワークやカフェなどからでも
ミーティングに参加できる

HINT　周囲に音が聞こえないように注意しよう

Zoomは、招待を受けた参加者がパスワードを入力して入室するため、部外者は参加できません。ただ、使用している場所が公共のエリアならば、意図せず話の内容を聞かれる恐れがあります。イヤホンを活用するなど情報が漏れないようにしましょう。

ミーティング開催・参加の基本フロー

　ここでは、主催者側、参加者側で、一般的なミーティングを開催し、参加、終了するまでの
フローを確認してみましょう。

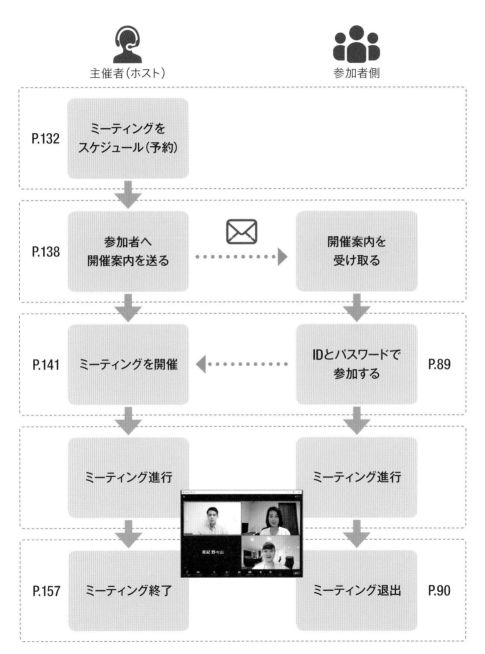

02 「定例ミーティング」は カレンダー機能と連携

Point
- ●ZoomとGoogleやOutlookのカレンダーを連携できる
- ●毎週実施するミーティングは、「繰り返し」の設定が便利

定例ミーティングのスケジューリング

　Zoomのスケジュール登録では、OutlookやGoogleのカレンダー機能と連携して「毎日」「毎週」「毎月」など、定期的に開催する設定ができます。一度の設定で毎回のミーティング開催スケジュールや招待を登録できるため、うっかり忘れてしまったというミスもなくなります。

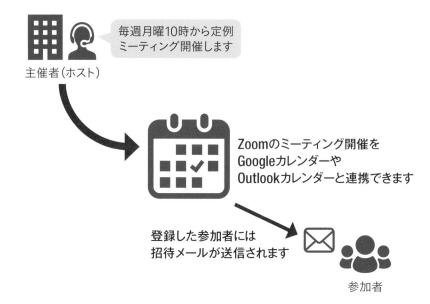

主催者(ホスト)

毎週月曜10時から定例ミーティング開催します

Zoomのミーティング開催をGoogleカレンダーやOutlookカレンダーと連携できます

登録した参加者には招待メールが送信されます

参加者

「毎週月曜日の定例ミーティング開催」のスケジューリングも、よく利用するカレンダーとの連携で、簡単に設定できる

GoogleやOutlookのカレンダーとの連携

　Zoomミーティングは、GoogleやOutlookのカレンダーと連携させることができます。例えば、Googleのカレンダーであっても、ミーティングはZoom開催で予定することが可能です(P.246参照)。

　また、リマインダーを付けて、ミーティング開催をお知らせしてくれる機能もあります。

❶ミーティングのタイトル

❷繰り返しの指定を行います。毎日、毎週、毎月など、繰り返しは様々な指定が可能です。

❸参加するゲストを登録しておくと、招待メールが送信されます。

❹通知(リマインダー)の設定もできます。

Googleのカレンダー内の予定をクリックするとZoomミーティングへの参加内容が確認できる

41

03 プロジェクト管理は チャンネル作成がベスト

Point
●プロジェクトごとにチャンネルを作っておけばメンバー同士のやり取りが簡単・便利
●チャンネル内ではミーティング、チャット、ファイル共有が即座にできる

チャンネル作成のメリット

Zoomには、「チャンネル」という機能があります。チャンネルとは、グループを作って、グループ単位で、ミーティングやチャットを簡単に実行できるようにする機能です。

部署内のプロジェクトごとにチャンネルを作成して、メンバーを登録しておけば、ミーティングへの招待などで、毎回参加者を指定する面倒がなくなります。

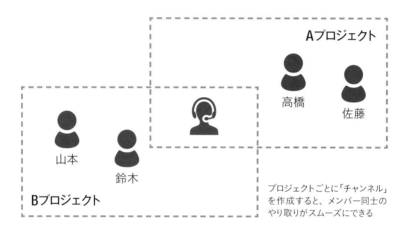

プロジェクトごとに「チャンネル」を作成すると、メンバー同士のやり取りがスムーズにできる

HINT チャンネルには「プライベート」と「パブリック」がある

チャンネルには、2種類あります。「プライベート」は、招待された人だけが参加できるチャンネルです。「パブリック」は、同じ組織の誰でも参加できるチャンネルです。なお「パブリック」のチャンネル作成ができるのは、有料アカウントのみです。

チャンネル内でできること

　チャンネル内でメンバー同士ができることは様々あります。ミーティングやチャット等のやり取り、ファイルの共有、また、「オーディオメッセージ」の機能を使って、声のメッセージを送ることもできます（P.238参照）。

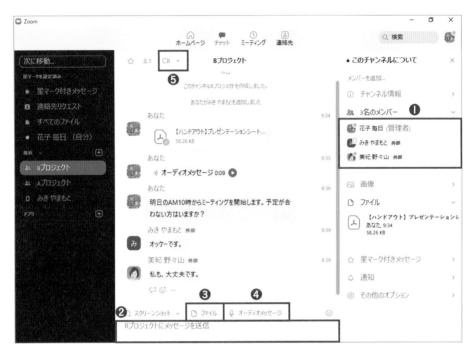

❶ プロジェクトのチャンネルを作って、メンバー同士のやり取りができます。

❷ チャット機能で、メンバー全員にメッセージを送ることができます。

❸ ファイルを送ることもできます。

❹ 音声メッセージを送ることもできます。

❺ ここをクリックすると、チャンネル内のメンバーと、すぐにビデオ会議をスタートできます。

- ●Zoomプレゼンなら、プロジェクターなどの機材は不要
- ●画面共有時の見せ方の工夫で、プレゼンの効果がアップ

ファイル共有で効果的なプレゼン実施

　ビジネスシーンでプレゼンを実施する場合は、プロジェクターなどの機材が必要ですが、Zoomは、画面共有の機能が充実しているため、スライドとプレゼンターを効果的に見せながら進行できます。

従来のプレゼンテーションでは？

プロジェクター・スクリーンなど、
パソコン以外にも様々な機材が必要でした

Zoomを利用したプレゼンテーションでは？

聞き手

プレゼンター

パソコンさえあれば、画面共有を使って、
プレゼンターとプレゼン資料を同時に表示できます

Zoomの画面共有を使えば、効果的なプレゼンテーションが可能

臨場感のあるプレゼンもZoomで実施可能

　スライドを使ったプレゼンでは、スライドとプレゼンターを別々に表示する場合、画面表示の仕方を工夫することが大切です(P.104参照)。

　また、バージョンアップしたZoomでは、スライドをバーチャル背景に設定することで、プレゼンターがスライド内に表示され、臨場感のあるプレゼンテーションを実施できるようになりました(P.175参照)。

■ 聞き手側の画面表示は、スライドとプレゼンターを並べて表示

スライドとプレゼンターを左右に表示した例(P.104)。スピーカービューでプレゼンターだけを表示すると、スライドだけでなく、プレゼンターの話している様子も確認できます。

カメラを見て話そう

HINT

プレゼンをする際は、聞き手に向かってアイコンタクトをするために、常にカメラを見て説明することが大切です。

■ 画面共有時にスライドをバーチャル背景に設定する

共有時の詳細設定で、バーチャル背景としてスライドを設定すると、プレゼンターとスライドを一体化させて進行できます。プレゼンターの表示位置や大きさも変更できます。

**スライドの内容が
隠れないようにする**

HINT

バーチャル背景を使用した場合は、プレゼンターがスライド内に表示されることを想定してスライドを作成するなどの準備が必要になります。

05 オンラインレッスンの実施

Point
- 英会話やヨガ等のオンラインレッスンもZoomが便利
- 体を動かすレッスンはカメラ位置やヘッドセットなどの機器との連携が重要
- レッスン内容を録画して復習用に動画配信することも可能

オンラインレッスンに活かすZoom

　参加者が自宅から気軽に参加できるオンラインレッスンもZoomを使えば効果的に実施することができます。インストラクター自身が動きながら解説をするヨガやピラティスなどでは、必要な機材や環境次第でレッスンのクオリティを高められます。

カメラはPCに接続されているタイプや
ビデオカメラの接続も可能

ディスプレイをもう1台接続するとよい
1台目：自分がどのように映るかを確認できる
2台目：受講生の様子を確認できる

Bluetoothの
ヘッドセット装着で、
明瞭な音声をとどける

レッスン時に自分の全身が
映るように調整する

 HINT　自宅からのレッスン開催は明るさや背景に注意

スタジオなどではなく、自宅からオンラインレッスンを実施する場合は、インストラクターである自分自身が明るく映るよう工夫します。ライトを設置したり、昼間ならば窓からの自然光を受けたりしてもよいでしょう。
また、背景も整え、動いている状態が明確に伝わるように配慮しましょう。バーチャル背景を活用する場合は、グリーンバックを使うと効果的です。

アフターレッスンは録画内容を配信して復習を支援

　Zoomの録画機能を利用してレッスン内容を録画したら、その動画を復習用として参加者が閲覧できるように配信が可能です。ただし、注意したいのは個人情報が録画や録音内容に入り込んでいないかどうかを確認することです。インストラクターだけが映るように画面調整した状態で録画したり、場合によっては動画編集アプリを使って編集したりすることも必要です。

レッスンの録画内容は、YouTubeなどを使って配信すると、復習用として役立つ

マンツーマンレッスンもビューの切り替えで学習効果がアップ

　マンツーマンの英会話レッスンなどでは、Zoomのビューの切り替えを使うと効果的な学習ができます。「スピーカービュー」を使えば、自動的に話し手の画像を大きくすることができます。また、「ピンの設定」で大きく映し出される対象を固定することも可能です。

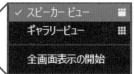

マンツーマンの英会話レッスンなどでは、ビューの切り替えをすることで、発音の仕方などを大きく見せることができる

06 学校教育に活かすZoom

Point
- ●Zoomを使えば双方向感のある授業実施が可能
- ●ブレイクアウトセッションで教師側から生徒の状況確認もできる
- ●チャンネルを使えば、教科やクラスごとの情報共有も可能

オンライン授業の実施

　Zoomを利用すれば、登校しなくてもオンライン授業で学習することができます。教師が用意した資料を画面共有して説明することもできますし、「ホワイトボード機能」を使って、その場で板書しながら解説することも可能です。

　生徒側はパソコンの他、タブレットやスマートフォンで出席し、授業内容を視聴できます。また、一方通行の授業ではなく、指名されたら回答したり、質問したりすることも可能です。教師と生徒が互いの顔を見ながら授業できる点が、オンライン授業の最大のメリットです。

　現在、生徒側のネット環境や、授業を視聴する端末の有無の課題などもありますが、環境が整備されれば、オンライン授業の可能性はさらに高まるでしょう。

先生は学校から
オンライン授業スタート

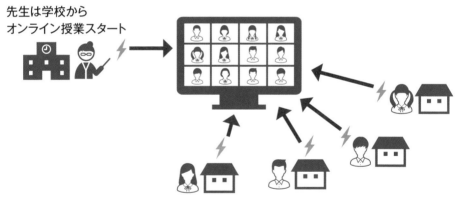

生徒は自宅からオンライン授業に出席

 HINT　一画面に何名まで表示できるの?

Zoomでは、ギャラリービューにした際に、通常は一画面に25名表示されます。この人数を変更して、最大49名まで表示できるように設定できます。ただし、使用しているパソコンの性能によっては、49名に増やせない場合があります(P.147参照)。

 HINT　生徒側の操作を制限する

オンライン授業を実施する上で、生徒側に授業に集中させるため、操作の制限をかけることができます。例えば生徒同士の私語をなくすためにチャット機能を制限することも可能です(P.163参照)。

ブレイクアウトセッションを使って個別対応を実施

　「ブレイクアウトセッション」で生徒数分のブレイクアウトルームを作成し、ブレイクアウトセッションを開始できます。こうすることで、個別に課題へ取り組ませることが可能です。教師は各生徒のブレイクアウトルームを巡回して、実施状況を確認できますし、個別にその場で質問を受けることも可能です。また、課題に取り組ませている場合は、ブレイクアウトルームに参加したあと、画面共有をさせることで、教師は巡回時に生徒各自の画面を閲覧することができます。

ブレイクアウトルームに教師が入っている画面。ブレイクアウトセッションを使うと個別にワークに取り組ませることができる。教師が個別に巡回して学習状況を確認したり、指導することも可能

チャンネルを作成して「お知らせ」配布やメッセージのやりとりも可能

　クラスや教科ごとにチャンネルを作成すれば、「お知らせ」や「宿題」等のファイルを送ることもできます。チャンネルをうまく活用することで、ペーパーレスや情報共有の効率化が可能です。

クラスのチャンネルを作って、やり取りをしている例。PDF等のファイルを送信すれば、ペーパーレスも図ることができる

07 研修に活かすZoom

Point
- ●e-ラーニングは個別学習、Zoomは集合学習向き
- ●Zoomのブレイクアウトセッション機能でグループワークも可能

進化する企業研修

　これまでの研修のスタイルは、講師と受講生が会場に集まって実施する「集合研修」、インターネットを介して個別に学習する「e-ラーニング」、この二つの形態が多く採用されていました。ところが、Zoomのオンラインミーティングを使った研修では、インターネットを利用する便利さと「集合研修」ならではのグループワークの実施を可能にしました。特にZoomが研修で採用される理由は、「画面共有」機能や「ブレイクアウトセッション」機能が、教育や研修において使い勝手が良いからです。

■ e-ラーニングとZoomオンライン研修の違い

	一般的なe-ラーニング	Zoomオンライン研修
活用場面	個別学習向き	体験型集合研修向き
特徴	オンデマンド型講義 達成度テストの実施 質疑応答は、使用するシステムによって異なる	講師がリアルタイムで講義 グループやペアによるワークショップの実施 講師に直接質問することが可能
メリット	個人のペースで学習できる	他者との意見交換や共同作業ができる

■ Zoomはこれからの研修実施において重要な役割を果たす

Zoomで研修ができるからといって、対面の集合研修やe-ラーニングがなくなるわけではありません。今後は、学習する内容や場面に合わせて、それぞれの学習スタイルを効果的に選択したり、組み合わせたりすることが大切になっていくでしょう。

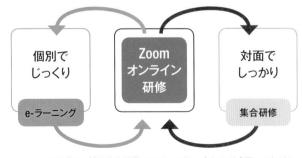

これからの研修は、効果的な研修スタイルの組み合わせが成果につながる

ブレイクアウトセッションによるグループワーク

　これまで集合研修でしかできなかった、グループやペアによるワークショップは、Zoomのブレイクアウトセッションで可能になりました。また、グループ作成や途中のシャッフルも簡単な操作で実施できます。グループワーク中に、講師がアドバイスしたりすることも可能です。

■ グループ作成や組み換えが簡単にできる

グループ作成やメンバーの入れ替えはホスト一人でも簡単に操作できます（参照P.181）。また、ワークの時間設定など、研修時のグループワークで必要な機能がすべてそろっています。

❶グループ分けやメンバーの設定などは簡単な操作で実施可能

❷セッションの時間設定をしておくと、セッション中に残り時間が分かる

■ 講師やオブザーバーがグループワークを巡回、メッセージを送ることも可能

セッション中は、ホストと共同ホストは各グループに入って、参加することができます（参照P.185）。また、全員に対してメッセージを送ることも可能です（参照P.186）。

❶セッションの残り時間が分かる

❷ホストが各セッションに参加することも可能

❸セッション中、全員にメッセージを送ることもできる

ウェビナー開催のメリット

■ 低コストで大規模なセミナーが実施できる

これまで、大規模なセミナーを実施する際は、会場や機材の準備など関わるスタッフの手間やコストがかかりました。Zoomのウェビナーは有料アカウントのみの機能ですが、安価なコストでクオリティの高いイベントやセミナーの実施ができます。また、ライセンスの種類に応じて100名〜10,000名の視聴が可能です。

■ 投票機能や、Q&A、アンケート等、セミナーに役立つ機能が用意されている

Zoomウェビナーは、視聴者参加型のセミナーにするための機能が充実しています。視聴者が質問したり、投票したりなど、インタラクティブに関わる機能が用意されています。

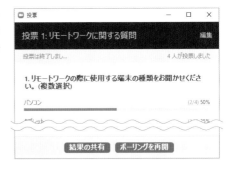

■ 安全で安心なセミナー実施ができる

Zoomウェビナーは、主催者と参加者双方が安心して進行できる仕組みや機能があります。ミーティングと違って参加者同士が見えない設計になっています。また、主催者は、参加者に事前登録の有無を設定したり、進行中は、参加者同士のやり取りを制限するなど、トラブルを防ぐ機能も用意されています。

ウェビナーとミーティングの違い

ウェビナーとミーティングは、似ている機能もあります。ただ、本来の利用場面や目的が異なるため、できること・できないことをよく理解して、ウェビナーを利用しましょう。

■ ウェビナーとミーティングの違い

	ウェビナー	ミーティング
利用場面	大規模なイベントや講演で利用 交流するための機能はあるが、相互の会話はできない 参加者のプライバシーが守られることが前提	集団が相互に情報共有しながら対話する場面で利用 また、小さなセッションに分かれてのディスカッションも可能
コスト	ホストは有料 ※参加者数によって異なる	無料 ※有料は時間制限なし
役割	ホスト(共同ホスト) パネリスト 参加者 ※ホストとパネリストのみ全参加者の閲覧可能	ホスト(共同ホスト) 参加者 ※全員が参加者の閲覧可能
使用できる機能	・参加登録の設定 ・リハーサル(実践セッション) ・画面共有(ホストとパネリストのみ) ・チャット(ファイル転送なし) ・レコーディング ・Q&A ・投票 ・アンケート作成	・待機室 ・画面共有 ・ブレイクアウトセッション ・チャット(ファイル送信可能) ・レコーディング ※参加者への制限が可能

パネリストは何ができるの？

ウェビナーでは、ミーティングにない「パネリスト」という役割があります。パネリストは、ウェビナーの出演者であり、ホストの支援者としての役割と考えましょう。ウェビナー中は、ビデオ参加や、画面共有、Q&Aへの回答をすることができます。ホストと連携しながらウェビナー中様々な働きを行います。パネリストの指名は、ウェビナー実施前または実施後も可能です。できるだけ実施前にパネリストを決め、リハーサル(実践セッション)等にも参加してもらいましょう。

Point
- 画面共有とレコーディング機能を利用して動画教材作成ができる
- YouTubeなどにアップして配信も可能

レコーディング機能を活用した動画制作

　本来、Zoomは、「コミュニケーション」のツールとして利用することが目的です。ただ、Zoomの画面共有とレコーディング機能を組み合わせることで、「動画教材」を作成することもできます。Zoomのレコーディング機能は、ミーティングの内容をMP4ファイルに変換します。このMP4ファイルを動画教材として利用します。

画面共有とレコーディング機能を使って作成した動画教材

作成した動画をYouTubeで限定公開して利用することも可能

動画制作は画面共有の見せ方を工夫する

　動画制作は、画面共有を使ってのレコーディングで行います。制作する動画教材は、説明する自分自身の映像を入れるのか、説明の音声のみでよいのかを考えて設定しましょう。また、画面共有時に「バーチャル背景としてのPowerPoint」を使うと、ビデオで撮影される自分と教材を一体化させた演出効果の高い動画を制作できます。

■ 教材と音声のみでレコーディング

教材と音声のみで動画教材を制作する場合は、カメラをオフにして録画をスタートします。

教材に音声を付けながら録画する場合は、[ビデオの開始]ボタンをオフにしてから、録画する

■ 説明者の背景にPowerPointのスライド教材を使ってレコーディング

画面共有時に、「バーチャル背景としてのPowerPoint」を選択し、スピーカービューの状態で録画すると、説明者の映像と教材を融合させた視覚効果の高い動画教材を作成できます（参照P.175）。

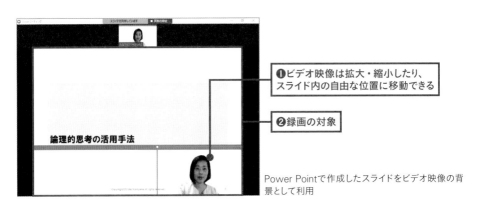

❶ビデオ映像は拡大・縮小したり、スライド内の自由な位置に移動できる

❷録画の対象

Power Pointで作成したスライドをビデオ映像の背景として利用

Zoomのセキュリティ対策

Zoomを使ってミーティングやウェビナーをする場合は、「なりすましによる第三者の参加」や「プライバシー侵害」を防ぐための対策を考えておくことが大切です。また、Zoomでは当初問題となっていたセキュリティの脆弱性を克服するため、エンドツーエンドの暗号化通信が利用可能になりました。また、ミーティング中は、ホストまたは共同ホストは［セキュリティ］ボタンを使って、参加者の操作を制限することもできます。

インストール時	偽アプリをインストールしないようにする また、偽の招待メールからリンクで誘導されないように、差出人を確認する
アップデート	常に最新版に更新する（P.253参照）
ミーティング招待	パスコードは必須 「待機室」を有効化して、不審者が参加しようとしても入室前にチェックできるようにする
ミーティング中の 不審者対策	待機室に戻す…参加者を強制的に待機室に移動する 削除…削除された参加者は、ミーティングに再参加できない 報告…Zoomに不審者を告発することができる
［セキュリティ］ボタン の活用	ミーティングのロック…メンバーが揃ったらロックして、後から第三者が入れないようにする プロフィール画像の非表示…プライバシーを守るために、プロフィール画像を表示しないようにする

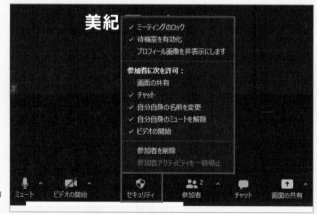

ミーティング中は、［セキュリティ］ボタンから対策が可能

Chapter3

ビデオ会議の準備

この章では、ビデオ会議に参加したり主催したりする前の準備について説明しています。いきなり相手のいる会議に参加して、音や映像がうまく出力されなかったら気まずくなってしまいます。事前に機器を整えたり、テストをしたり、背景の設定などを行って、問題ないことを確認しておきましょう。

01 ビデオ会議を始める前の用意

Point
- ●音の質を向上したいなら内蔵マイクより外付け
- ●ノイズやハウリングを抑えるスピーカーやヘッドセットの利用も検討しよう

マイクとスピーカーの用意

ビデオ会議では、相手の声や動画のオーディオの音を聞くためにスピーカーが必要です。また、自分の声を相手に伝えるためにマイクが必要になります。

タブレットやスマホなどのデバイスは、もともとスピーカーやマイクが内蔵されてるので、そのまま会議に参加できます。またノートパソコンも内蔵されているものがほとんどですが、デスクトップパソコンは、付属していない場合が多いので、別途準備する必要があります。

デバイス内蔵のマイクは、すぐに使用できて便利ですが、一方で周りの空調や車、電車などの音を拾いやすいというデメリットがあります。雑音の多い場所から参加する場合などは、外付けのマイクを利用したほうが品質の高い音を届けることができます。また、周囲の人に内容を聞かれると好ましくない場合などはヘッドセットがおすすめです。

ヘッドセットはマイクとスピーカーの機能を兼ね備えていて、生活音を抑えることができるので会議に集中できるというメリットがあります。ノイズキャンセリング機能が付いているものもあり、基本的に1人でビデオ会議に参加するのであれば、ヘッドセットがおすすめです。ただ長い時間頭に装着していると疲弊してしまうことがあります。

■ ノートパソコンのマイク

マイクの位置は機種によってさまざま。ディスプレイ上部にあるものや、本体の表面や裏面にあるものもある

 ノイズキャンセリング機能
HINT 騒音を聞こえにくくして、クリアな音を相手に届けることができます。

そのような場合は、単一指向性のマイクを利用するのもひとつの手です。周囲の音を拾いにくく、マイクが向いている音を収音して、クリアな音を相手に届けることができます。

　会議室などの同じ場所から複数人で参加する場合は、ハウリングやエコーなどの音のトラブルにも注意が必要です。相手を不快にさせる音が原因でビジネスチャンスを逃してしまうかもしれません。

　そのような場合は、マイクとスピーカーが一体になっていて、周囲360度から音を拾うことができるスピーカーフォン（マイクスピーカー）がおすすめです。人からマイクまでの距離に関係なく、音量を最適化する機能やエコーキャンセリング機能が付いてものもあります。機種によって対応できる人数のキャパシティなどがありますので、確認してから選びましょう。

■ ヘッドセット

音声を聞くためのヘッドホンと、自分の声を相手に伝えるマイクが一体になったもの

■ 単一指向性マイク

マイクが向いている一方向だけの音を拾う

■ スピーカーフォン

複数の人が会議室などで話す場合に最適

 ハウリング
HINT　スピーカーの出力を、マイクが拾ってしまうことで発生する音響トラブルの一種です。

 エコーキャンセラー（エコーキャンセリング）機能
HINT　スピーカーから出た音声をマイクが拾ってしまい、自分に聞こえてしまうことをエコーと言います。音声エコーを除去して反響を防ぐ機能のことをエコーキャンラー機能といいます。ヘッドセットでも搭載しているモデルがあります。

ビデオ会議は、相手の表情を見ながら会話をするので、自分の顔を映すためのカメラが必要です。スマートフォンの場合は、カメラが付いているので、そのまま利用できます。ノートパソコンもほとんどカメラが内蔵されているので、そのまま会議に参加できます。ただ、満足のいく品質とは限らない場合もあります。

デスクトップパソコンの場合は、カメラがディスプレイに付いている場合もありますが、搭載されていない場合は別途用意する必要があります。

ビデオ会議にはリアルタイムに映像を配信できるWebカメラを用意しましょう。マイクが内蔵されているタイプのものを利用すれば、別途マイクを用意する必要がなくなります。

「視野角」とはカメラが映し出すことのできる範囲のことですが、人数の多い会議の様子を写したい場合などは、視野角の広いカメラを利用することで複数人を画面に収めることができます。

■ ノートパソコンのカメラ

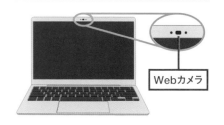

Webカメラ

■ Webカメラ

用途や映し出す範囲などに合わせて画素数やマイクの有無などをポイントに選ぼう

カンファレンスカメラ

会議室など、比較的広い場所を映し出す場合は、広角レンズを使用したカンファレンスカメラを利用するといいでしょう。
「音声認識」や「顔認識」を搭載している機種では、発言している人に焦点を合わせる機能などを備えています。

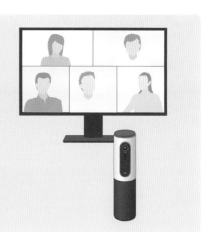

オンライン会議では照明がきちんと当たっていないと、相手が受ける顔の印象が大きく変わる場合があります。照明を上手に使って好感が持てる印象になるように心掛けることが必要です。

電球の種類には蛍光灯や、蛍光灯に比べてややオレンジがかった暖かみのある感じを与える白熱球などがありますが、寿命が長く電気代も安いLEDがおすすめです。照明のタイプには、パネルタイプやスポットライト、リングライトなどの種類があります。

設置方法としては、三脚を使用したり、クリップで挟んで固定する方法があります。

料理教室など細部を明るく見せたい場合や、ヨガやフィットネスなど身体の動きを見せたいなど、それぞれの用途に合った照明機材の用意をおすすめします。

照明の位置ですが、背後に明るい光源があると、顔が見えにくくなります。明るい光源は自分の前カメラの少し上部後方に設置するのが望ましいです。

社外や取引先とのオンライン会議で印象を良くするのは、これからのビジネスマナーになっていくかもしれません。

■ クリップ式ライト

クリップで固定するタイプ。設置が簡単で、卓上などで手軽に使用できる。数段階の調光や色調などを調整できるものもある

■ パネルタイプ

厚みが少ないので、設置場所を選ばない。光が柔らかく目に負担がかかりにくいという特徴がある

■ リングライト

広範囲に光が届くので全体を明るく照らす。円形に光を当てるので影ができにくいというメリットがある

02 回線を確保する

Point
- 古い規格のものを使用していないか確認しよう
- 可能であればWi-Fiではなく有線LANを使おう
- 無線LANの場合は、干渉を受けにくい5GHzを検討しよう

有線LANの用意

オンライン会議はインターネット回線を使うので、安定した通信回線が必要です(P.18参照)。特にホストとしてビデオ会議に参加する場合は、ネットワークの回線状況を良好にしておきましょう。

無線LANは有線LANに比べて、電波で情報を伝えているので不安定です。安定した通信環境を確保するためには、可能な限り有線LANを利用しましょう。パソコンなどの端末をインターネットに接続するための装置をルーターといいます。複数の端末を接続できます。

ルーターとパソコンをつなぐには、LANケーブルが必要です。なるべく新しいものを使用しましょう。古い規格のものは現在の通信速度を満たしていないものもあります。

ルーター

無線LANを利用する場合

無線LANしか回線が用意できない場合は、5GHzのものを用意しましょう。ただしパソコンやルーターなどの機器が対応している必要があります。

2.4GHzの無線LANを利用している場合は、電子レンジなどの干渉を受ける場合があります。

Wi-Fiルーターは、同時に利用する人数が増えると、データ速度の遅延が起きて、会話と動作がずれてしまったりします。場合によってはテータの送受信が間に合わなくなり、画面が一時停止してしまったりします。

Wi-Fiルーター

03 始める前にマイクとカメラのテストをしよう

Point
- ●本番で慌てないためにも事前テストはマスト
- ●「聞こえない」トラブルはマイクとスピーカーの選択を確認しよう

テストミーティングでマイクとスピーカーをテストする

Zoomのテストサイトのテストミーティングを利用すると、ビデオ会議が始まる前に、マイクやカメラのテストが行えます。音声が相手に届くかどうか、また自分の映像やカメラに映り込む周囲の背景などを確認します。

1 テストミーティングに参加する

ブラウザのアドレスバーに「http://zoom.us/test」と入力して、Zoomのテストミーティングのサイトを表示しましょう。
[参加]をクリックします。

2 Zoom Meetingを開く

[Zoom Meetingを開く]をクリックします。

3 ビデオ付きでミーティングに参加する

[ビデオ付きで参加] をクリックします。

HINT ビデオプレビュー

[ビデオミーティングに参加するときに常にビデオプレビューダイアログを表示します] のチェックを付けていると、会議に参加する前に自分がどのように映るかをプレビュー画面で確認できます。

4 着信音を確認する

スピーカーから音が聞こえることを確認します。
聞こえたら [はい] をクリックします。

HINT 音が聞こえない

着信音が聞こえない場合は、[いいえ] をクリックするか、スピーカーの∨をクリックして別のスピーカーに切り替えます。

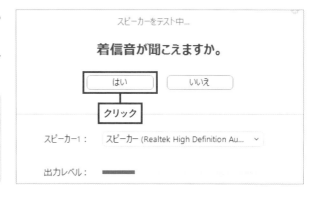

5 マイクを確認する

マイクに向かって話します。
話した声が聞こえることを確認したら、[はい] をクリックします。

HINT 返答が聞こえない

オーディオの音声が聞こえない場合は、[いいえ] をクリックするか、マイクの∨をクリックして別のマイクに切り替えます。

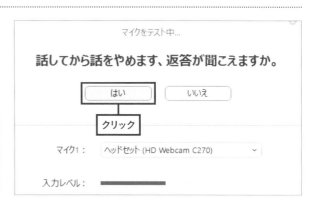

6 スピーカーとマイクの確認が終わる

スピーカーとマイクの確認が終わりました。[コンピューターでオーディオに参加]をクリックします。

テストミーティングでカメラをテストする

1 コンピュータでオーディオに参加する

[コンピューターでオーディオに参加]をクリックします。

HINT 自動的に参加する

[ミーティングへの接続時に、自動的にコンピューターでオーディオに接続]にチェックを付けると、次回からはこの画面は表示されないで、オーディオに接続されます。

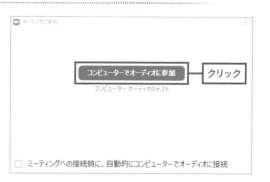

2 ビデオプレビューが表示される

画面にミーティングに参加した時と同じ状態が表示されます。自分の映像と周囲の背景を確認し、必要に応じてカメラの位置やすわる高さなどを調整します。右下の[退出]をクリックしてテストを終了します。

1 [設定]画面を表示する

Zoomアプリを起動し、[設定]のアイコン🔅 をクリックします。

2 設定画面が表示される

設定画面が表示されました。左側で[オーディオ]をクリックします。

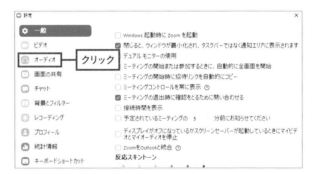

3 スピーカーのテストをする

[スピーカーのテスト]をクリックします。

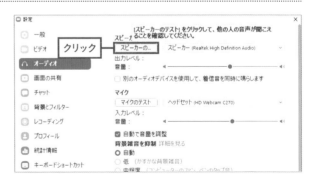

4 出力レベルを確認する

スピーカーから音が出たこと
を確認します。
[出力レベル]に青いラインが
表示されれば、スピーカーか
ら正常に音がでています。

HINT　スピーカーを変更する

パソコンに複数のスピーカーが接
続されている場合は、スピーカー名
の右端の✓をクリックして、一覧
からスピーカーを選択できます。

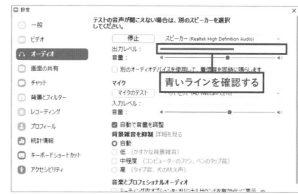

青いラインを確認する

5 スピーカーテストを終了する

[停止]をクリックします。

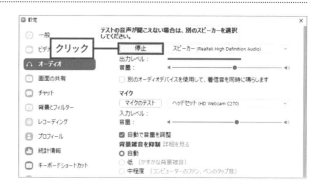

クリック

6 マイクのテストをする

[マイクのテスト]をクリックし
ます。ボタンの表示が[レコー
ディング]になります。

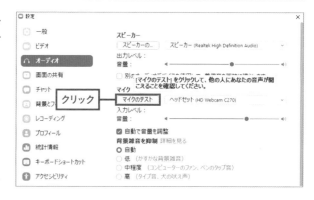

クリック

7 入力レベルを確認する

マイクに向かって発声します。
[入力レベル]に青いラインが
表示されれば、マイクが正常
に動作しています。
数秒後、スピーカーから、発
声した声が流れます。

スマホの場合

1 Zoomのテストサイトを表示する

ブラウザから「http://zoom.us/test」にアク
セスします。

2 Zoomを起動する

[参加]をタップします。

3 ミーティングに参加する

「ミーティングを起動」をタップします。

5 画面のテストをする

自分の映像を確認します。

4 Zoomで開く

「開く」をタップします。

6 テストミーティングを終了する

右上の[退出]をクリックして、テストミーティングを終了します。

04 バーチャル背景を利用する

Point
- ●リアルな背景を見せたくないときはバーチャル背景を利用しよう
- ●自分で撮った写真や動画もバーチャル背景にできる

バーチャル背景の利用

バーチャル背景を利用すると、ビデオ会議の背景に好みの背景画像を設定できます。

1 設定画面を表示する

Zoomアプリで[新規ミーティング]をクリックし、1人だけの会議を開始します。[ビデオの停止]の ^ をクリックし、[バーチャル背景を選択]をクリックします。

2 背景とフィルターを設定する

左側で[背景とフィルター]を選択し、中央のタブで[バーチャル背景]を選択します。下で背景にしたい画像を選択します。右上の[×]をクリックします。

HINT
バーチャル背景を取り消す

[バーチャル背景]の一覧から「None」を選択すると、普通の背景に戻すことができます。

3 バーチャル背景が設定された

選択したバーチャル背景が表示されました。設定が終了したら、[終了] をクリックしてミーティングを終了します。

バーチャル背景の設定
HINT

一度設定したバーチャル背景は、次のミーティングでもそのまま設定が継続されます。

背景動画の設定
HINT

[背景とフィルター] の一覧で ▣ が付いているのは動画です。選択すると背景に動画を設定できます。

ビデオフィルターの利用
HINT

[背景とフィルター] の [ビデオフィルター] をクリックすると、ユニークな背景や人物に加工ができるビデオフィルターの一覧が表示されます。好みのフィルダーをクリックして設定します。

スマホの場合

　スマホからバーチャル背景を設定してみましょう。もしアプリをインストールしていない場合はP.25を参照してください。

1 詳細を表示する

スマホでZoomアプリを起動し、1人だけの会議を開始します。[新規ミーティング]をタップし、次の画面で[ミーティングの開始]をタップします。[インターネットを使用した通話]をタップします。そして画面右下の[詳細]をタップします。

2 バーチャル背景を設定する

[バーチャル背景]をタップします。

3 バーチャル背景を選択する

設定したい背景画像をタップします。

4 バーチャル背景が設定された

選択したバーチャル背景が表示されました。設定が完了したら、[終了]をタップしてミーティングを終了します。

バーチャル背景は失礼ではない?

- 場面に応じてバーチャル背景を使い分ける
- バーチャル背景の境目がチラチラするときはグリーンスクリーンを使う

ふさわしいバーチャル背景を選ぶ

ビジネスの場面で使用する場合は、シンプルですっきりとしたバーチャル背景を選択することをお勧めします。会議などでじゃまにならない無難なものを選びましょう。

バーチャル背景には、自分で撮影した写真を利用することもできます。またインターネット上では、背景に利用できる画像を配布しているWebサイトもあるので、上手に利用するといいでしょう。

背景にいくつかの色が使われていたり、パソコンのスペックによっては、画像がところどころで透けて見えてしまったりすることがあります。そのような場合はグリーンスクリーン等を使用するといいでしょう。

 パソコンの画像を背景に設定
HINT

背景の一覧の右上の □ をクリックして、[画像の追加]を選択すると、パソコンに保存されている画像を選択できます。

あらかじめ自分で撮った写真や、インターネット上で公開されている画像を用意しておけば自由に背景画像として設定できます。

背景画像として設定した画像は一覧に表示されて、いつでも使用できるようになります。

❶クリック

❷一覧に表示される

 グリーンスクリーン(グリーンバック)を利用する
TIPS

実際の背景を緑色にして、光を均一に当てると、バーチャル背景がきれいに映り込みます。背景用のグリーンスクリーンは、緑色の布や紙製のものなどが市販されています。グリーンスクリーンを用意できた場合は、「グリーンスクリーンがあります」のチェックを付けます。

06 自分の名前を変更する

Point
- ●ビジネスパーソンはフルネームで表示する
- ●漢字表記とローマ字表記など相手のことを考えた名前を表示しよう

表示名の変更

ビデオ会議に参加すると、自分の映像には名前が表示されます。名前はプロフィールから編集できます。

1 ZoomのWebサイトを表示する

ブラウザのアドレスバーに「https://zoom.us/」と入力して Enter キーを押します。
[サインイン]をクリックします。

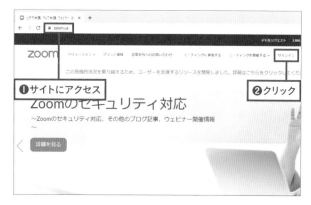

2 サインインする

メールアドレスとパスワードを入力します。
[サインイン]をクリックします。

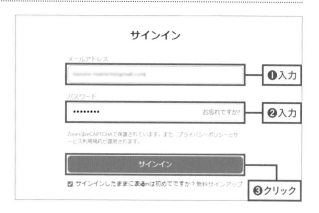

３ [プロフィール]を表示する

[プロフィール]をクリックします。

４ プロフィールを編集する

氏名の右の[編集]をクリックします。

５ 名前を変更する

[名]と[姓]に表示したい名前を入力します。
[変更を保存]をクリックします。

07 映像をきれいにする

Point
- ●相手に与える印象を良くして会議に参加しよう
- ●画面の明るさと表情の明るさは正比例する
- ●手動で外見を補正して相手に好印象を与える

外見の補正

　ビデオ会議に映る自分の映像をきれいにするには、外見を補正する機能を利用します。肌にソフトフォーカスがかかり、なめらかできれいな肌に映ります。

1 [設定]画面を表示する

P.70と同様、1人の会議を開始して設定します。[ビデオの停止]の ▲ をクリックし、[ビデオ設定]をクリックします。

2 マイビデオを設定する

左側で[ビデオ]が選択されていることを確認します。
[外見を補正する](Macでは[ビデオフィルタを適用する])にチェックを付け、右方向にスライダーをドラッグします。

76

照明の調整

照明の明るさを調整して、表情が明るく見えるようにします。明るさが足りない室内などで使用することで、ライトなどを追加しなくても明るくすることができます。

1 照明の明るさを手動で調整する

[低照度に対して調整] の
チェックを付けます。
[自動] の ∨ をクリックして、
[手動]を選択します。

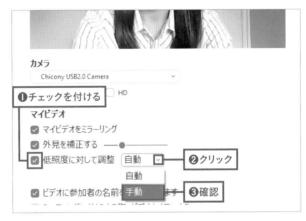

2 画像を明るくする

右方向にスライダーをドラッグすると画像が明るくなります。
右上の[×]をクリックして画面を閉じます。

HD を有効にする

HDは「High Definition」の略で、高解像のことです。[HDを有効にする]にチェックを付けると画像全体は広くなり、人物はやや小さくなりますが、映像はきれいに映ります。

スマホの場合

1 詳細メニューを表示する

P.72と同様、1人の会議を開始します。[詳細]
をタップします。

タップ

2 ミーティング設定を表示する

[ミーティング設定]をタップします。

タップ ミーティング設定

3 外見を補正する

[外見を補正する]をオンにします。
[完了]をタップします。

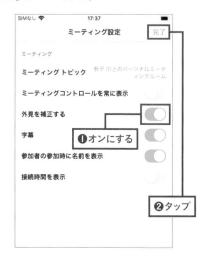

❶オンにする

❷タップ

4 外見が補正された

外見が補正されました。[終了]をタップして
ミーティングを終了します。

08 映像加工アプリを使ってみる

Point
- 不意にスタートする会議にノーメイクでもすぐに参加できる
- 起動するは、画像加工アプリ→オンライン会議アプリの順で
- 会議にふさわしいレンズを選ぼう

Snap Cameraのインストール

ビデオ会議に映る自分の映像を加工できる無料アプリSnap Cameraのダウンロードと使い方について解説します。Snap CameraはZoomではカメラとして認識されるので、カメラ選択で選ぶと利用できます。

1 Snap CameraのWebサイトを表示する

ブラウザのアドレスバーに https://snapcamera.snap chat.com/」と入力して Enter キーを押します。
[ダウンロード]をクリックします。

2 ダウンロードする

「プライバシーポリシーを読み、…同意します。」にチェックを付けます。
メールアドレスを入力し、「私はロボットではありません」にチェックを付けます。
[PC用にダウンロード] をクリックします。

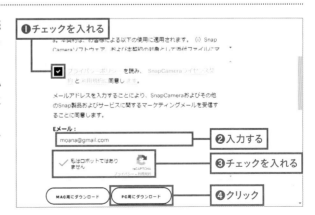

3 インストーラーを起動する

画面左下の ▼ をクリックし、
[開く]を選択します。
ここで、「このアプリがデバイ
スに変更を加えることを許可
しますか?」のメッセージが表
示されたら[はい]をクリックし
ます。

4 インストーラーを起動する

インストーラーが起動するの
で、[Next]をクリックします。

5 インストール場所を指定する

特にインストール場所にこだ
わりがなければ、そのまま
[Next]をクリックします。

HINT インストール場所の変更

[Browse]をクリックすると、イン
ストール先を指定できます。

6 インストールを開始する

[Install]をクリックします。

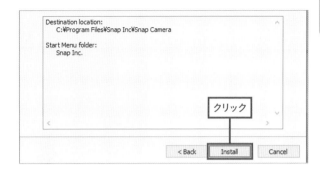

7 インストールが完了した

[Finish]をクリックします。

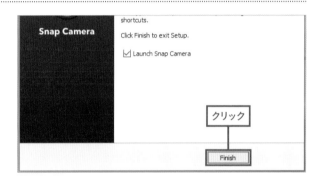

SnapCameraの利用

1 イントロダクションを確認

アプリを起動すると、イントロ
ダクションが表示されるので、
[Next]をクリックします。

2 レンズを選択する

好みのレンズを選択します。
右上の[×]をクリックしてア
プリを閉じます。

ZoomからSnap Cameraを選択

画像加工アプリを利用するには、カメラを変更します。

1 Snap Cameraを選択する

[ビデオ停止]の右の ⌃ をク
リックします。
[Snap Camera]を選択し
ます。
これで、Snap Cameraで設
定した画像が表示されます。

09 スマホから映像を取り込む

Point
- スマホで撮った写真や映像をパソコンに取り込んで活用しよう
- 必要な写真や映像を選択してパソコンに取り込もう
- インポートした写真はピクチャフォルダーにコピーされる

画像をインポート

　スマホの中にある画像や映像をパソコンに取り込んで活用しましょう。背景画像として使用したり、参加者と画面を共有するときなどに使います。

1 アクセス許可をする

スマホとパソコンをケーブルでつなぎます。
スマホで、アクセスを許可するかどうかのダイアログが出るので、[許可]をタップします。

❶接続　　❷クリック

2 インポートする

エクスプローラーを開きます。
スマホの名前を右クリックし、[画像とビデオのインポート]を選択します。

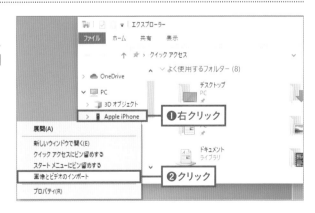

❶右クリック

❷クリック

3 インポートする画像を確認する

[インポートする項目を確認、
整理、グループ化する]をク
リックします。
[次へ]をクリックします。

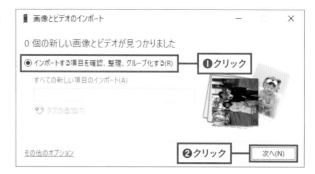

4 インポートする画像を選択する

[すべて選択]のチェックを外
します。
パソコンに取り込む画像に
チェックを付けて、[インポー
ト]をクリックします。

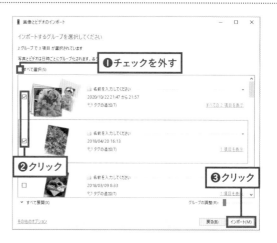

5 写真がインポートされました

パソコンに選択したスマホの
写真が取り込まれました。

 インポート先
HINT

スマホからインポートした写真は、
[ピクチャ]フォルダーの中に日付の
フォルダーが作成されて、その中に
コピーされます。

Chapter4
ビデオ会議に参加する

この章では、一般参加者の立場で、ビデオ会議に参加する方法をまとめています。一般参加者は、招待メールのリンクをクリックするか、IDとパスコードを入力して会議に参加します。参加した後での名前の変更や画面表示の変更のほか、便利な画面共有やチャットの機能、挙手などの方法も紹介します。

01 リンクからアプリを開いて ログインする

Point
- ●リンクをクリックして会議に参加
- ●スマホは自動的にアプリが起動して会議に参加

　招待メールなどに記載されている、オンライン会議に参加するためのURLをクリックしてビデオ会議に参加できます。

1 リンクをクリックする

メールなどで送られてきた
Zoomに参加するためのURL
をクリックします。

2 Zoomミーティングを開く

[Zoom Meetingを開く]をク
リックします。

86

3 ホストが許可するのを待つ

参加するミーティングの名前
が表示されます。ホストが参
加を許可したらミーティング
に参加できます。

❶ミーティング名が表示される

❷ミーティングに
参加した

 スマホの場合 ※アプリのインストールはP.25を参照

1 メールのリンクをタップする

メールなどで送られてきたZoomに参加する
ためのURLをタップします。

2 ホストが許可をするのを待つ

ホストの許可を待つ画面が表示されます。

3 オーディオに接続する

[インターネットを使用した通話]をタップします。

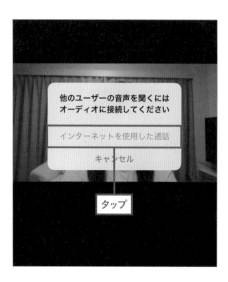

4 ミーティングに参加した

ビデオ会議に参加できました。

5 ビデオをオンにする

[ビデオの開始]をタップします。

6 ビデオがオンになった

ビデオがオンの状態で会議に参加しています。

02 会議に参加する

● あらかじめアプリをインストールしておこう
● ミーティングIDとパスコードを用意しよう

　アプリを起動して会議に参加する方法を紹介します。招待メールなどで伝えられている
ミーティングIDとミーティングパスコードが必要です。

1 ミーティングに参加する

Zoomアプリを起動し、[ミー
ティングに参加]をクリックし
ます。

2 IDを入力する

「ミーティングID」を入力しま
す。会議に参加する氏名を
プロフィールから変更する場
合は[名前]を入力します。
[参加]をクリックします。

ミーティングID

11桁のミーティングIDはインスタン
トミーティングやスケジュール済の
ミーティング用です。パーソナル
ミーティングには10桁のミーティン
グIDが用いられます。

3 ミーティングパスコードを入力する

「ミーティングパスコード」を入
力します。
[ミーティングに参加する]を
クリックします。

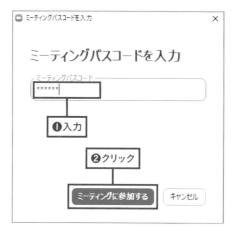

4 ホストの許可を待つ

ホストが会議への参加を許
可するまで待ちます。

ミーティングのホストは間もなくミーティングへの参加を許可します、もうしばらくお待ちくだ
さい。

Kazuna Mainichiのパーソナルミーティングルーム

5 会議に参加した

会議に参加できました。

会議を退出する

[退出]ボタンをクリックして、[ミー
ティングを退出]を選択すると、会
議から退出できます。

スマホの場合

1 ミーティングに参加する

Zoomアプリを起動します。
[ミーティングに参加]をタップします。

2 ミーティングIDを入力する

ミーティングIDを入力し、自分の名前を確認します。
[参加]をタップします。

💡 オーディオの選択
HINT

会議に参加するときにビデオやマイクのオン・オフを選択できます。

3 パスコードを入力する

ホストから送られてきたミーティングパスコードを入力し、[続行]をタップします。

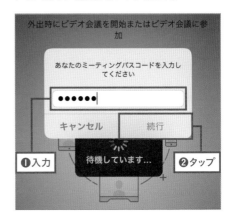

4 オーディオに接続する

[インターネットを使用した通話]をタップします。これで会議に参加できます。

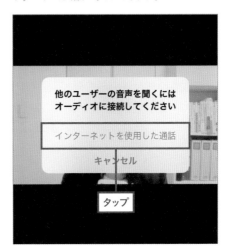

Point
- ●参加者リストを確認しよう
- ●参加者のマイクやビデオのオンやオフも確認できる

会議に参加している人の参加者リストの一覧は、画面右側に表示できます。

1 参加者リストを表示する

[参加者]ボタンをクリックします。

2 参加者リストが表示される

画面右側に参加者の名前の一覧が表示されました。

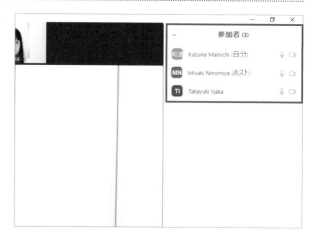

スマホの場合

1 参加者を表示する

[参加者]ボタンをタップします。

タップ

2 参加者リストが表示される

参加者の名前の一覧が表示されました。
確認したら[閉じる]をタップします。

❷タップ　❶確認

TIPS 参加者の映像を確認する

画面を右から左に向かってスワイプすると、参加者の映像が表示されます。スマホの場合は1度に4人表示できます。
参加者が5人以上いる場合は、さらにスワイプすると確認できます。

❶スワイプ

❷参加者の映像が
表示された

04 会議に参加してから名前を変更する

Point
- ●ビジネスパーソンはフルネームで表示する
- ●漢字表記とローマ字表記など相手のことを考えた名前を表示しよう

ビデオ会議に参加中に名前を変更することもできます。

1 [参加者]ウィンドウを表示する

[参加者]をクリックします。

2 [詳細]をクリック

[参加者]ウィンドウが表示されました。
変更する名前にマウスポインターを合わせて、表示される[詳細]をクリックします。

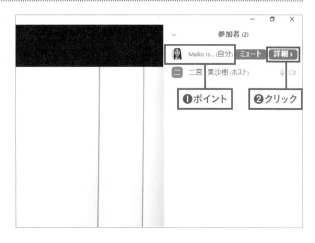

3　[名前の変更]ダイアログボックスを表示する

[名前の変更]をクリックします。

4　新規表示名を入力する

変更したい名前を入力し、[OK]をクリックします。

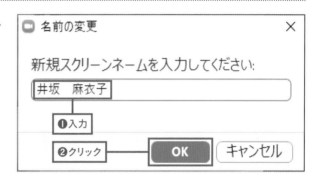

5　名前が変更された

入力した名前に変更されました。

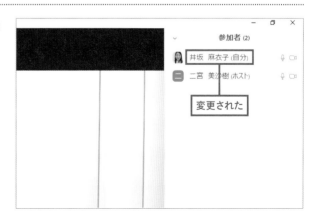

スマホの場合

1 参加者を表示する

[参加者]をタップします。

2 変更する名前を選択する

自分の名前をタップし、[名前の変更]をタップします。

3 変更する名前を入力する

変更したい名前を入力し、[完了]をタップします。

4 名前が変更された

入力した名前が表示されました。

05 音声をミュートにする

Point
- ●自分が話すとき以外はマイクをミュートにしよう
- ●話すときにはマイクをオンにするのを忘れずに

複数人が参加する会議では、マイクをオンにしておくと、周りの雑音をひろってしまうことがあります。自分が発言するとき以外はマイクをミュートにしておきましょう。

1 マイクをミュートにする

マイクアイコンをクリックします。

2 マイクがミュートになった

マイクアイコンに斜線がつき、マイクがオフになりました。

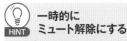
HINT　一時的にミュート解除にする

キーボードのスペースキーを長押ししている間は、マイクをミュート解除にできます。

画面下の[参加者]ボタンをクリックして参加者ウィンドウを表示し、名前にマウスポインターを合わせて、表示される[ミュート]ボタンをクリックすると、ミュートにしたり、ミュートを解除することができます。

スマホの場合

1 マイクをミュートにする

スマホの画面をタップするとミーティングコントロールが表示されます。
マイクのアイコン「ミュート」をタップします。

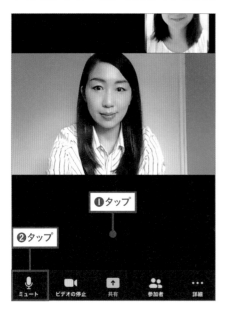

2 マイクがミュートになった

マイクアイコンに斜線がつき、マイクがオフになりました。

HINT ヘッドセットのアイコン

左下のアイコンがヘッドセットになっていて「オーディオ」と書かれていたら、タップして[インターネットを使用した通話]をタップするとマイクのアイコンが表示されます。

06 画面の表示を変更する

Point
- ●参加者全体を見渡す場合はギャラリービューがおすすめ
- ●話し手に集中して聞くときはスピーカービューがおすすめ

ビューを切り替える

　ビデオのレイアウトは、適宜変更しましょう。スピーカービューは、スピーカーを大きく表示できます。ほかの参加者の様子も見たい場合はギャラリービューで表示します。

1 ビューを変更する

現在スピーカービューで表示されています。[表示]をクリックし、[ギャラリービュー]を選択します。

2 ビューを変更する

スピーカービューからギャラリービューに変更されました。参加者の映像が一覧表示されました。

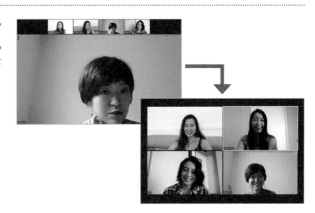

ミニウィンドウに切り替える

画面右上（Macでは左上）の［最小化］アイコン□をクリックすると、ビデオを最小化できます。
ミニウィンドウを終了するには［最小化されたビデオの終了］（❶）をクリックします。［ビデオの非表示］（❷）をクリックすると、ビデオを非表示にできます。

ギャラリービューに表示できる人数

ギャラリービューでは1画面に25人の参加者を表示できます。設定を変更すると49人まで表示できます。次の画面に切り替えるには中央右の矢印をクリックします。

スマホの場合

1 参加者の画像が表示される

画面を右から左にスワイプします。

スマホで表示できる人数

スマホで一度に表示できる参加者の画像は4人までです。

2 参加者の画像が表示される

参加者の映像が表示されました。

iPadで表示できる人数

iPadでギャラリービューにすると、最大25名表示できます。

07 参加者側から画面を共有する

画面を共有する

自分のパソコンやスマホに表示されている画面を共有することができます。

1 共有するためのウィンドウを表示する

[画面の共有]ボタンをクリックします。

小ストが許可をする
HINT

参加者が画面共有をするには、ホスト側で[セキュリティ]→[画面の共有]をクリックして許可をする必要があります。

クリック

2 共有する画面を選択する

[共有するウィンドウまたはアプリケーションの選択]ウィンドウが表示されました。参加者に見せたい画面をクリックし、[共有]をクリックします。

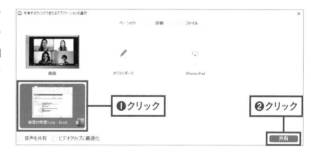

❶クリック　❷クリック

音声入りの動画を共有するとき
HINT　音源が入っている動画などを画面共有する場合は、[音声を共有]のチェックを付けておきます。

オプションの選択
HINT　ビデオをフル画面モードで共有する場合、[ビデオクリップに最適化]のチェックを付けます。それ以外の場合には共有画面がぼやけるのでチェックは外しましょう。

3 画面が共有された

共有している画面の外枠に色
が付きました。参加者からは
この枠内の画面が共有されて
見えています。

**ほかの画面を
共有する**

[共有するウィンドウまたはアプリ
ケーション]の選択で[画面]を選
択しているときは、デスクトップか
ら起動して開くウィンドウはすべて
表示できます。[画面]以外を選択
した場合は、ほかのアプリは画面
共有できません。

4 ミーティングコントロールを表示する

画面上部にマウスポインター
を合わせると、ミーティングコ
ントロールが表示されます。

画面共有を解除する

1 画面共有をやめる

[共有の停止]をクリックする
と、画面共有を解除できます。

スマホの場合

1 [共有]ボタンをタップ

スマホの画面をタップし、[共有]ボタンをタップします。

2 共有するオブジェクトを選択する

[画面]をタップします。

3 ブロードキャストをはじめる

[ブロードキャストを開始]をタップします。

4 画面が共有された

画面が共有されました。相手に共有したい画面を表示します。なお、画面の上ある赤いバーをタップすると、画面共有を解除することができます。

08 画面分割を変更する

　共有画面の上に参加者のビューが表示されるため、画面がよく見えない場合があります。左右に表示するモードを使用して、見やすくすることができます。

1 共有画面が表示される

他の参加者が画面共有を開始すると、全画面表示になるため、ビューの一覧が共有されている画面に重なって表示されます。

ビューが重なっている

2 画面を分割する

[表示]をクリックして、[左右表示:スピーカー]を選択します。共有画面とスピーカービューが左右に分かれて表示されます。

❶クリック
❷クリック

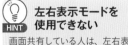
HINT **左右表示モードを使用できない**

画面共有している人は、左右表示モードを使用できません。

3 参加者を表示させる

参加者を表示させるには、[表示] をクリックして、[左右表示:ギャラリー] を選択します。

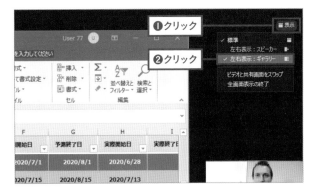

4 分割された範囲を変更する

境界線にマウスポインターを重ねて ↔ の形になったら、左にドラッグします。

5 範囲が変更された

分割された範囲が変更されて、ギャラリービューが大きく表示されました。境界線を右にドラッグすると、ギャラリービューは小さくなります。

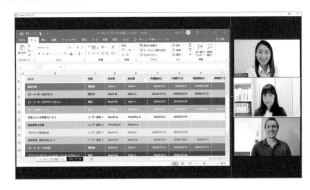

09 共有された画面に コメントをつける

Point
- 説明の補足にはコメント機能を使おう
- 注目してほしい箇所にコメントで誘導する

注釈メニューで書き込む

画面共有しているときに、テキストを追加したり、描画をすることができます。描いたものは参加者全員から見ることができます。

1 ミーティングコントロールを表示する

[画面を共有しています]にマウスポインターを合わせて、[コメントを付け(る)]をクリックします。

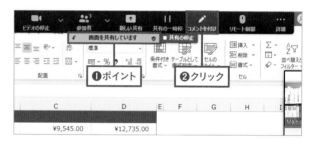

HINT ほかの人が共有している画面に書き込む
ほかの人が共有している場合は、画面上部の[オプションを表示]の右の　をクリックして[コメントを付ける]をクリックすると注釈メニューが表示されます。

2 注釈メニューが表示された

コメント用ツールバーが表示されました。最初は[描き込む]が選択されています。

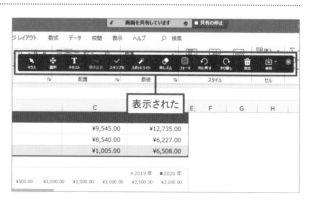

HINT 線の色を変更する
描く線の色を変更するにはコメント用ツールバー[フォーマ(ット)]をクリックして一覧から色を選択します。

3 コメントを描く

マウスをドラッグして、コメントを描きます。

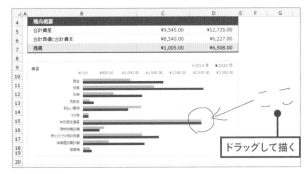

ドラッグして描く

書き込みを消す

1 消しゴムを選択する

[消しゴム]をクリックします。

クリック

2 コメントを消す

消したい部分をマウスでクリック、またはドラッグします。

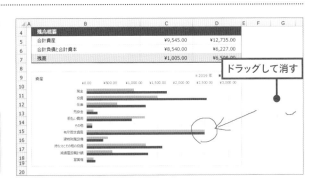

ドラッグして消す

コメントを終了する

注釈メニューの ☒ をクリックするとコメント機能を終了できます。

スマホの場合

　スマホの共有画面にペンで書き込みをしてみましょう。スマホは横にすると画面を有効に使用できます。

1 ツールバーを表示する

[ペン]アイコンをタップします。

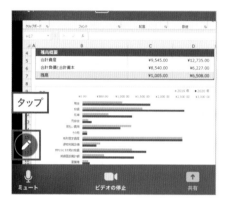

2 ツールバーが表示された

[ペン]のアイコンから、ツールバーが横長に表示されます。

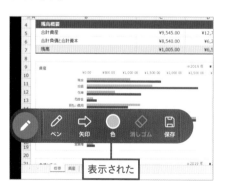

3 ペンの種類を選択する

[ペン]をタップし、ペンの種類を選択します。

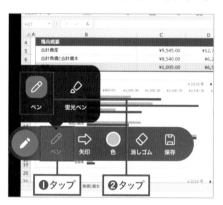

4 書き込みをする

指または、タッチペンで書き込みをします。

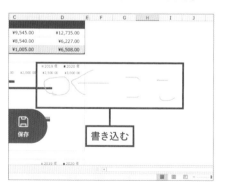

💡 **タッチペンで描く**
HINT

タッチペンはスタイラスペンとも言います。指で描くと画面を覆ってしまうので、タッチペンのほうが細かい操作が可能です。

10 | 相手に画面操作の権限を渡す

Point
- ●リモート制御を承認すると、ホストがパソコンを操作できる
- ●操作に困ったらリモート操作をしてもらおう

リモート制御を開始する

　画面共有しているとき、ホストから相手の画面を遠隔操作することができます。口頭で伝えるだけではうまく伝わらない時などリモート操作を使うと便利です。

1 (ホスト側)リモート制御のリクエストをする

[オプションを表示]の右の■
をクリックし、[リモート制御
のリクエスト]をクリックしま
す。
次に表示される[リモート制御
のリクエスト]画面の[リクエ
スト]ボタンをクリックします。

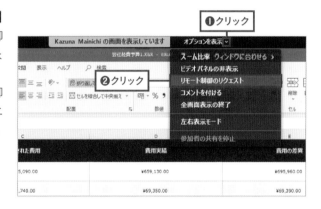

2 (参加者側)リモート制御を承認する

「共有コンテンツのリモート制
御をリクエストしようとしてい
ます。」というメッセージが表
示されます。
[承認]をクリックします。

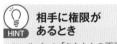
HINT 相手に権限が
あるとき
ツールバーに「あなたとの画面を制
御しています」と表示されます。

3 リモート制御が始まる

相手のマウスポインターが動
き出します。

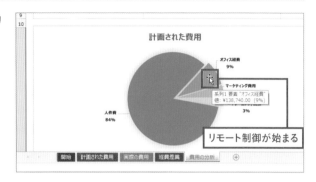

4 相手の操作でマウスポインターが動く

ここでは、相手がリモート制御
でシートを切り替える操作を
しています。

リモート制御を停止する

1 （ホスト側）コントロールを停止する

[遠隔操作]をクリックし、[リ
モート制御の停止]をクリック
します。

💡 **制御を自動で**
HINT **許可する**

[遠隔操作]から[全てのリクエスト
を自動で許可する]をクリックする
と、「共有コンテンツのリモート制
御をリクエストしようとしていま
す。」という承認のダイアログボック
スが非表示になります。

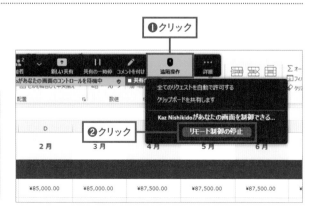

11 画面共有の前に 気を付けておきたいこと

Point
- ●デスクトップはアイコンなどを瞬時に消そう
- ●通知の内容も共有されてしまうので注意

デスクトップのアイコンを非表示にする

　デスクトップを画面共有しているとき、デスクトップアイコンが参加者から見えてしまわないように非表示にしておきましょう。以下ではWindowsの操作のみを紹介します。

1 ショートカットメニューを表示する

デスクトップを右クリックします。[表示]にマウスポインターを合わせて[デスクトップアイコンの表示]をクリックします。

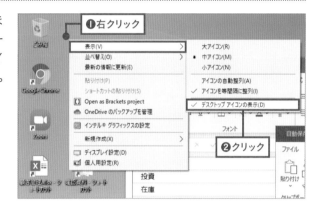

2 アイコンが非表示になった

デスクトップアイコンが非表示になりました。

アイコンが非表示になった

HINT アイコンを表示する

デスクトップを右クリックして[表示]をポイントし[デスクトップアイコンの表示]をクリックすると、再度アイコンが表示されます。

通知が表示されないようにする

アプリやSNSなどのメッセージが表示されないように、通知をオフにしておきましょう。

通知とアクションの設定を表示する

スタートボタンの横の検索ボックスに「通知」と入力して[Enter]キーを押します。[通知とアクションの設定]を選択します。

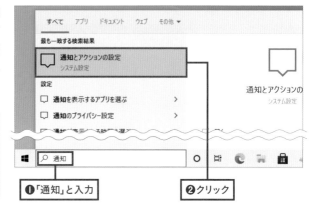

❶「通知」と入力　❷クリック

> 💡 **HINT** **Macでの操作**
>
> Macでは[システム環境設定]→[通知]を開き、左側で[zoom.us]を選択して[zoom.usからの通知を許可]をオフにします。

通知をオフにする

[アプリやその他の送信者からの通知を取得する]をオフにします。

3 通知をアプリごとにオフにする

スクロールして[送信元ごとの受信設定]からアプリごとに通知をオフにします。

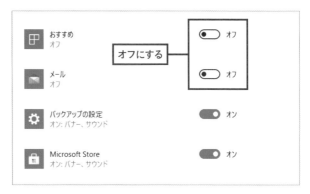

オフにする

> 💡 **HINT** **スマホの通知を非表示にする**
>
> スマホの画面を共有する場合は、[設定]の[通知]から、設定したいアプリを選んで、[通知を許可]をタップしてオフにします。

12 会議中に「挙手」をする

Point
- 会議中に、質問があるときはホストに手を挙げて知らせよう
- 要件が終わったら手を降ろそう

会議の参加者が多い場合など、誰が発言しているのかを分かりづらいことがあります。「手を挙げる」機能を使用すると質問者をすぐに確認できます。

1 手を挙げる

[リアクション]ボタンをクリックして、[手を挙げる]をクリックします。

2 アイコンが表示される

手のアイコンが、自分の映像の左上に表示されました。[参加者]をクリックします。

3 手のマークが表示される

参加者リストが表示されて、自分の名前の横に手のマークが表示されました。

4 手を降ろす

必要がなくなったら[リアクション]をクリックして[手を降ろす]をクリックします。

 スマホの場合

1 メニューで[詳細]をタップする

[詳細]をタップします。

2 手を挙げる

[手を挙げる]をタップします。

13 | 主催者にフィードバックを送る

Point
- ●会議の進行を妨げることなく、さりげなく意思を知らせよう
- ●場面に応じてアイコンでフィードバックしよう

ホストに合図をするためのアイコンを非言語的フィードバックといいます。会議の進行を妨げることなく「はい」や「いいえ」、「もっと速く」などのフィートバックを送ることができます。

1 アイコンを選択する

[リアクション]ボタンをクリックします。表示したいアイコンをクリックします。

HINT

ホスト側がオンにする

ミーテングのホストがZoomのWebサイトにサインインして、[非言語的なフィードバック]をオンにする必要があります。

非言語的なフィードバック
ミーティングの参加者は参加者パネルのアイコンをクリックして、非言語フィードバックを提供したり、発言したりすることができます。

2 アイコンが表示される

自分の映像に選択したアイコンが表示されました。

3 参加者リストを表示する

[参加者] ボタンをクリックします。

4 参加者リストにアイコンが表示される

参加者リストの自分の名前の横にアイコンが表示されました。
アイコンは数秒で非表示になります。

HINT **非言語アイコンの種類**

非言語アイコンには、いくつかの種類があります。必要に応じて上手に使い分けてスムーズにミーティングを進めましょう。

はじめからあるアイコン			
	拍手		いいね
	感動		驚き
	ハート		クラッカー

ホストの設定により表示されるアイコン			
	はい		いいえ
	もっとゆっくり		もっと速く

スマホの場合

1 メニューを表示する

[詳細]をタップします。

タップ

2 アイコンを選択する

表示したいアイコンをタップします。

タップ

3 アイコンが表示される

自分の映像にアイコンが表示されました。[参加者]をタップします。

表示された

タップ

4 一覧にアイコンが表示される

自分の名前の横にアイコンが表示されました。[閉じる]をタップして、参加者の一覧を閉じます。

アイコンが表示された

チャットを送る

音声以外に、参加者とコミュニケーションをとるには、チャットを使います。参加者はメッセージを送信して、それに対してほかの参加者が返信することができます。

1 チャットウィンドウを表示する

[チャット] ボタンをクリックします。

2 メッセージを入力する

画面右下に表示されたチャットボックスに、メッセージを入力し、Enterキーを押します。

HINT

改行するとき

文の途中で改行するときは、Shift キー＋Enter キー（Macでは control ＋enter キー）を押します。Enter だけを押すと送信されてしまいます。

3 全員にチャットが送られる

チャットの内容が参加者全員に表示されました。

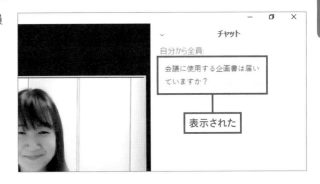

表示された

4 参加者から返信のチャットがきた

チャットを見たほかの参加者から返信のチャットが送られてきました。

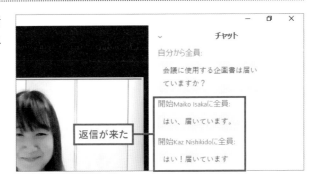

返信が来た

チャットの内容を保存する

1 [チャットの保存]を使う

[詳細] をクリックして、[チャットの保存]をクリックします。チャットの内容が、ドキュメントの中に作成されたZoomフォルダーの中の日付のフォルダーに、テキスト形式で保存されます。

❶クリック

❷クリック

スマホの場合

1 詳細メニューを選ぶ

[詳細]をタップします。

2 チャットを選ぶ

[チャット]をタップします。

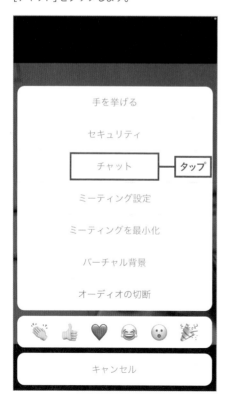

3 メッセージを送る

テキストボックスに、チャットの内容を入力して▼をタップします。

4 メッセージが送信される

チャットの内容が送信されて、ほかの参加者から確認できます。

15 チャットでファイル添付をする

チャットでファイルを送る

チャットの機能を使って、参加者にファイルを送ることができます。

1 チャットウィンドウを表示する

[チャット]ボタンをクリックして、チャットウィンドウを表示します。

2 ファイルを送信する

チャットボックス上部の[ファイル]をクリックし、[コンピュータ]をクリックします。

3 送信するファイルを選択する

[ファイルを開く]ダイアログ
ボックスが表示されるので、
添付するファイルを選択して
[開く]をクリックします。

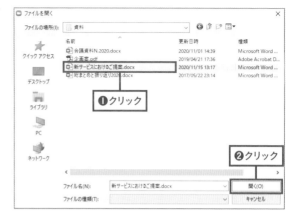

4 ファイルが送信された

チャットウィンドウには、送信
したファイル名が表示されて、
正常に送信された旨のメッ
セージも表示されます。

ファイルをダウンロードする

1 クリックでダウンロード

添付されてきたファイル名が
表示された状態で[クリック
でダウンロード]をクリックし
ます。添付されてきたファイ
ルを自分のパソコンに保存で
きます。

**スマホでは
受け取れない**

HINT

スマホでは、送信されたファイルを
受け取ることはできません。

16 | ファイル添付できない大きなファイルはクラウドを使おう

Point
- どのディバイスからも利用できるGoogleドライブを使おう
- 容量の大きなファイルはチャットでリンクを送って共有しよう

Googleドライブにファイルをアップロードする

Googleドライブは、Googleが運営するクラウドサービスで、15GBのドライブを利用できます。どんなディバイスからでもアクセスが可能です。

1 アカウントを選択する

ブラウザのアドレスバーに「drive.google.com」と入力して[Enter]キーを押します。
使用するGoogleドライブのアカウントを選択します。

 Googleのアカウント
HINT

Googleドライブなどのサービスを利用するには、Googleのアカウントを作成する必要があります。アカウントは無料で作成することができます。

2 パスワードを入力する

パスワードを入力し、[次へ]をクリックします。

3 ファイルをアップロードする

[マイドライブ]をクリックし、アップロードするファイルをドラックアンドドロップします。

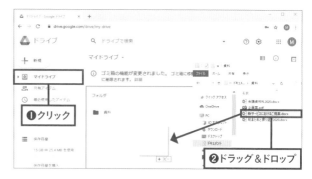

4 ファイルがアップロードされた

マイドライブにファイルがアップロードされると、アップロードが完了したメッセージが表示されます。

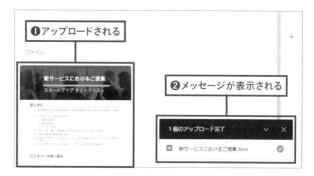

共有のURLを表示する

1 共有するリンクを取得する

共有したいファイルを右クリックし、[リンクを取得]をクリックします。

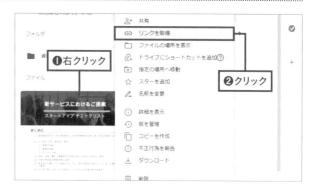

2 リンクの共有オプションを変更する

[制限付き]の右の▼をクリックしてリンクの共有オプションを変更します。
[リンクを知っている全員]を選択します。

3 リンクをコピーする

[リンクをコピー]をクリックし、「完了」をクリックします。

チャットでURLを送る

1 URLを貼り付ける

チャットウィンドウを表示して、Ctrl（⌘）キーを押しながらVキーを押して、リンク情報を貼り付けます。

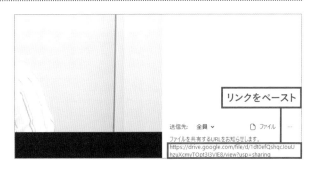

2 URLを送信する

[Enter]キーを押して送信します。

URLが送られてきたら

リンク先のURLをクリックすると、Googleドライブのファイルを確認できます。

1 リンクをクリックする

表示されているリンクをクリックします。

2 ファイルが表示された

ブラウザで、リンク先のGoogleドライブのファイルが開きました。

17 | プライベートチャットを行う

Point
- ●プライベートチャットの内容を参加者全員に送らないように注意しよう
- ●「ダイレクトメッセージ」の赤い文字はプライベートチャットのサイン

プライベートチャットを利用すると、特定の人にチャットでメッセージを送ることができます。

1 チャットウィンドウを表示する

[チャット]ボタンをクリックしてチャットウィンドウを表示します。

2 チャットの宛先を変更する

[送信先:]で「全員(Macでは[皆様])」の右の ▼ をクリックします。

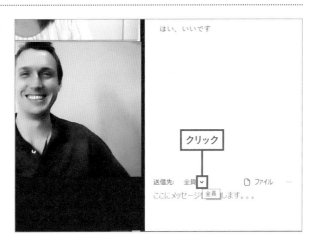

3 チャットを送る相手を選択する

チャットを送信する人を選択
します。

4 チャットボックスの表示が変わる

「(ダイレクトメッセージ)」と赤
字で表示されています。

5 プライベートチャットを送る

チャットウィンドウにメッセー
ジを入力し、[Enter]キーを押
します。

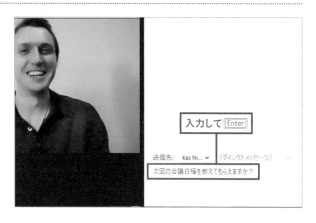

6 プライベートチャットを送信した

メッセージが送信されます。（ダイレクトメッセージ）と赤字で表示されていることを確認します。

表示された

7 プライベートチャットが送られてきた

プライベートチャットの相手からメッセージが送信されました。
（ダイレクトメッセージ）と赤字で表示されています。

返信が来た

 プライベートチャットの保存

HINT プライベートチャットでも、通常のチャットと同様、[詳細]□ボタンから[チャットの保存]をクリックして、チャット内容を保存できます。

 プライベートチャットの内容はホストに見えてしまう?

HINT 以前のバージョンでは、ホスト側からプライベートチャットの内容が見えていましたが、現在のバージョンでは、プライベートチャットの内容は見えないようです。

 プライベートチャットの注意点

HINT 特定の相手を選んだつもりが、全員に送信してしまったという失敗がないように、送信する前に確認しましょう。

スマホの場合

1 チャットウィンドウを表示する

［チャット］ボタンをクリックしてチャット画面を表示します。［送信先:］の「全員」の右の☑をタップします。

2 チャットを送る相手を選択する

チャットを送信する人を選択します。

3 プライベートチャットを送信する

送信先がプライベートチャットの相手になっていることを確認します。文字を入力し、［送信］🔽をタップします。

4 プライベートチャットが送信された

（ダイレクトメッセージ）と表示されたプライベートチャットが送信されました。相手からプライベートチャットが返信されてきました。

Chapter5

ビデオ会議を
主催する

この章では、ホストとしてビデオ会議を主催する方法について詳しく解説します。ホストは事前に会議を設定し、会議中には、参加者にいろいろな操作を許可したり、または禁止したりして、運営を行います。どのような操作ができるのか、この章で知っておくと、スムーズに会議を運営することができるでしょう。

01 新しい会議ミーティングを予約する

Point
- ●複数人で開催する会議は「スケジュール」で予約すると便利
- ●ミーティングIDとパスワードはミーティングごとに自動生成がマスト

会議を「スケジュール」で予約設定する

　Zoomのミーティングは予約なしでも、すぐに開始できます。ただ、複数人が参加する会議ならば、あらかじめ会議の日程や参加者を決めて、主催者として予約内容を参加者へ連絡する流れが一般的です。

1 「スケジュール」設定画面を表示する

Zoomアプリでサインインして、ホーム画面の[スケジュール]をクリックします。

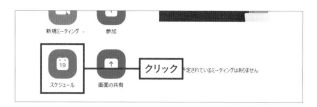

2 会議の詳細を設定して保存する

会議のテーマ（会議名）、「開始日時」や「持続時間」を設定します。さらにミーティングIDやパスワード、待機室が有効になっていることを確認して、内容を保存します。

❶会議名を入力

❷設定を行う

❸クリック

HINT 　会議セキュリティの基本

第三者の「なりすまし」や、万が一のトラブルが発生しないようにするためには、「ミーティングID」は自動生成で、パスワードも随時作成されるようにします。また、「待機室」はチェックを付けて有効にしておくことで、許可なく会議に入室できないようにします。

予約した会議の詳細を確認・変更する

　予約した会議の開始時間の変更やキャンセルが可能です。なお、設定内容を変更しても
ミーティングIDやパスワードは変わりません。

1 「ミーティング」画面を表示する

Zoomアプリのホーム画面で
[ミーティング]をクリックしま
す。

2 予約した会議を選択して編集する

一覧から変更したい会議を選
択して、[編集]ボタンをクリッ
クします。

予約内容の削除

HINT

予約した会議そのものをキャンセ
ルしたい場合は、[削除]ボタンを
クリックします。

3 予約した内容を変更して保存する

「ミーティングの編集」画面
で、変更したい内容を編集し
て、[保存]ボタンをクリック
します。

**詳細オプションを
指定する**

HINT

ミーティングの編集画面で、「詳細
オプション」を選択すると、参加者
が入室した際のマイクの利用設定
などをあらかじめ指定しておくこと
ができます。

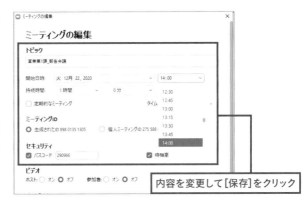

スマホの場合

1 「スケジュール」設定画面を表示する

Zoomアプリでサインインしたホーム画面の
[スケジュール]を選択します。

タップ

2 会議の詳細を設定して保存する

会議のテーマ（会議名）、「開始日時」や「持続
時間」を指定します。設定ができたら、[保存]
をタップします。

❶設定を行い　　❷タップ

3 招待メールを参加者に送信する

予約が保存されると、会議詳細を記した招待
メール作成画面が表示されます。内容を確認
した後、宛先を指定し、送信します。

❶確認し　❷宛先を指定
❸タップして送信

 **メールを送らない場合は
キャンセルする**
HINT

参加者へのメールを後で送る場合は、[キャンセル]
してメール画面を閉じます。

予約内容を変更する
HINT

予約内容を変更する場合は、ホーム画面で[ミー
ティング]を選択して、会議名を選んだあと、[編集]
をタップします。内容を修正して保存すると、変更
が反映されます。

❶タップ
❷編集する会議名をタップ

134

02 頻繁に会議を行うメンバーを連絡先に登録する

Point
- ●連絡先を活用すれば会議への招待も簡単
- ●連絡先を表示すると、相手の状態も確認できる

新しい連絡先を登録する

社内のメンバーや、打ち合わせを頻繁に行う取引先担当は、連絡先に登録しておくと、会議への招待や開催においてスムーズです。組織単位でZoomと契約している場合は、組織内のメンバーが連絡先として登録されている場合もあります。

1 「連絡先」画面を表示する

Zoomのホーム画面で、[連絡先]を選択します。

2 「連絡先の追加」を選択する

連絡先の一覧で[+]ボタンをクリックして、[連絡先の追加]を選択します。

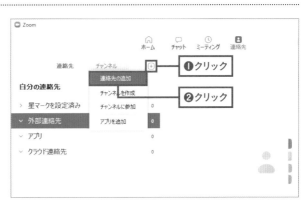

HINT 組織内の連絡先

右画面では、「自分の連絡先」だけが表示されますが、組織内ですでに連絡先が登録されている場合は、その下側に表示されます。

3 メールアドレスを入力して追加する

「連絡先の追加」画面で、追加
したい相手のメールアドレス
を入力して、[連絡先の追加]
ボタンをクリックすると、招待
メールが相手に送信されま
す。確認後、[OK]ボタンを
クリックします。

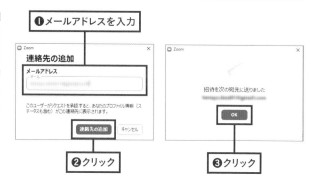

❶メールアドレスを入力

❷クリック

❸クリック

4 連絡先が追加された

メール送信した相手から承認
されると、「外部連絡先」の一
覧に登録されます。

連絡先が登録された

HINT 招待された側でリクエストを承認すると正式に追加

連絡先として招待した相手側では、
Zoomアプリの画面で、招待を受け
たことを知らせてくれます。[承認]
ボタンをクリックすると、招待者側
と承認した側の両者に連絡先とし
て登録されます。

HINT 連絡先の一覧で相手の状況が確認できる

連絡先の一覧では、相手側の状態
を確認できます。利用可能な状態
では、グリーンマーク、オフラインで
は、グレーマークで表示されます。
また、端末がスマートフォンなどの
場合は、四角マークで表示されます。

グリーンマーク

スマホの場合

1 連絡先一覧を表示する

ホーム画面の[連絡先]をタップします。

2 [連絡先の追加]を選択する

⊕ボタンをクリックして、[連絡先の追加]を選択します。

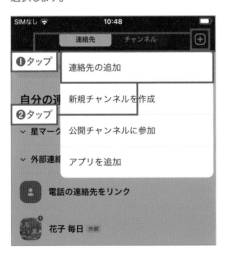

3 追加したい相手のメールアドレスを入力する

相手のメールアドレスを入力して、[追加]ボタンをタップします。メールが送信されたことを確認したら[OK]します。

4 承諾した連絡先が追加される

相手側で承諾すると、自分の連絡先にメンバーが追加されます。

03 予約した会議に参加者を招待する

Point
- ●予約したミーティングの[招待のコピー]を使ってメール本文に貼り付けると簡単
- ●OutlookやGoogleカレンダーとの連携で予約後にすぐに招待することもできる

予約済みの会議への招待をメールで送信する

　ここでは、Gmailを使って会議への招待メールを送信する方法を解説します。予約した会議の詳細（URL、ミーティングID、パスコード等）をコピーした後、メール文中に貼り付けて送信するのが一般的です。

1 ミーティング一覧から会議を選ぶ

会議への招待メールを送るには、まずアプリのホーム画面から[ミーティング]をクリックします。予約一覧からミーティングを選択して、[ミーティングへの招待を表示]をクリックします。

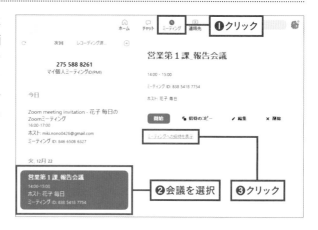

2 招待の内容をコピーする

予約した会議のIDやパスワードなど参加者への案内文の詳細が表示されます。確認したら、[招待のコピー]をクリックします。

3 メールを起動して招待を貼り付ける

Gmailなどメールアプリを起動して、参加者のメールアドレスを入力します。本文内に、コピーした内容を貼り付けたら、送信します。これで、参加者への招待メールが送られます。

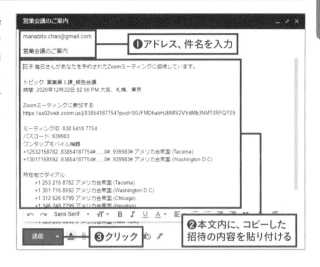

営業会議のご案内

manabito.chan@gmail.com

営業会議のご案内

❶アドレス、件名を入力

砒子 毎日さんがあなたを予約されたZoomミーティングに招待しています。

トピック 営業第1課_報告会議
時間 2020年12月22日 02 00 PM 大阪、札幌、東京

Zoomミーティングに参加する
https://us02web.zoom.us/j/83854187754?pwd=S0JFMDhabHJBMIV2VVdMb3NMT0RFQT09

ミーティングID 838 5418 7754
パスコード 939983
ワンタップモバイル機器
+12532158782,,83854187754#,,,,,,0#,,939983# アメリカ合衆国 (Tacoma)
+13017158592,,83854187754#,,,,,,0#,,939983# アメリカ合衆国 (Washington D C)

所在地でダイアル
  +1 253 215 8782 アメリカ合衆国 (Tacoma)
  +1 301 715 8592 アメリカ合衆国 (Washington D C)
  +1 312 626 6799 アメリカ合衆国 (Chicago)
  +1 346 248 7799 アメリカ合衆国 (Houston)

❷本文内に、コピーした招待の内容を貼り付ける

送信   **❸クリック**

TIPS OutlookやGoogleカレンダーとの連携で招待

「ミーティングをスケジューリング」(P.132)画面で、カレンダーの設定が「Outlook」に設定されている場合は、予約終了後に、ミーティング詳細を記した「Outlook」が起動します。招待するメンバーのアドレスを入力すると、相手側に招待メールが届きます。
また、カレンダーの設定が「Googleカレンダー」の場合は、Googleカレンダーが表示されます。

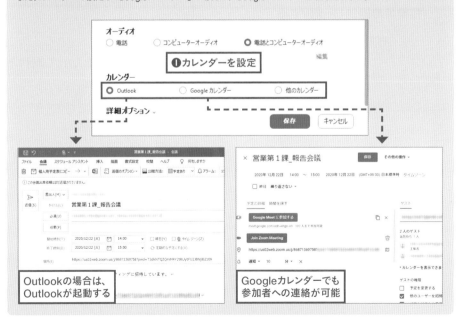

オーディオ
○ 電話   ○ コンピューターオーディオ   ● 電話とコンピューターオーディオ

❶カレンダーを設定   編集

カレンダー
● Outlook   ○ Google カレンダー   ○ 他のカレンダー

詳細オプション

保存   キャンセル

Outlookの場合は、Outlookが起動する

Googleカレンダーでも参加者への連絡が可能

スマホの場合

1 予約済みの会議を選択する

ホーム画面から[ミーティング]を選択します。
予約一覧から招待するミーティングを選択し
ます。

2 [招待者の追加]を選択する

ミーティングの詳細を確認し、[招待者を追加]
をタップします。

3 [メールの送信]を選択する

[メールの送信]を選択します。予約一覧から
招待するミーティングを選択します。

> **HINT メッセージの送信**
>
> [メッセージの送信]を選択すると相手の電話番号
> にテキストメッセージとして送信できます。

4 相手のメールアドレスを入力して送信する

相手のメールアドレスを入力します。ミーティ
ングの詳細を確認し、[送信]ボタンをタップ
すると、招待メールが送られます。

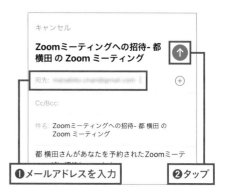

04 会議を開始する

Point
- ●予約した会議はミーティング一覧から選択してスタートする
- ●予約なしの会議は、スタートした後参加者を招待する

予約した会議を開始する

　開始時間の10分前には、会議をスタートしておきましょう。会議をスタートした後、参加者はいったん待機室で主催者の許可を待っています。

1 ミーティング一覧から会議を選んでスタートする

アプリのホーム画面で、[ミーティング]を選択して、予約した 覧からスタ トする会議を選び、[開始]ボタンをクリックします。

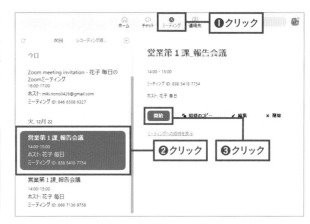

❶クリック

営業第1課_報告会議

14:00 - 15:00

ミーティング ID: 838 5418 7754

ホスト: 花子 毎日

開始　　招待のコピー　　✎ 編集　　× 削除

ミーティングへの招待を表示

❷クリック　　**❸クリック**

HINT **オーディオの設定**

会議を開始すると、オーディオの設定に関するメッセージが表示されます(P.65)。マイクやカメラの設定を行い、スタートします。

2 参加者一覧を表示する

会議が開始しました。オーディオの設定に合わせて主催者のカメラ映像が表示されます。待機室と参加者の一覧を表示するには、[参加者]をクリックします。

❶会議がスタートした

❷クリック

HINT **参加者が
待機室に入ると**

待機室に参加者が入ると画面上部にメッセージが表示されます。

3 参加者の入室を許可する

画面右側に「参加者」一覧が
表示されます。待機室に参
加者が入ったら、名前を確認
して[許可する]をクリックし
ます。

> **HINT**
>
> **複数名を
> まとめて許可する**
>
> 待機者が複数名いる場合は、[全
> 員を許可する]を選択すると、一度
> に複数名の入室を許可できます。

4 参加者が会議に入室した

許可を受けた参加者がメイン
ルームへ入室しました。

> **HINT**
>
> **参加者画面を
> 非表示にするには**
>
> 参加者画面を非表示にする場合
> は、[参加者]ボタンをクリックし
> ます。

予約なしで会議をすぐに開始する

　予約なしで会議を開始することもできます。この場合は、会議を開始した後、参加者を招
待します。

1 新規ミーティングを開始する

Zoomアプリのホーム画面
で、[新規ミーティング]をク
リックします。

2 参加者を招待する

会議がスタートします。[参加者]ボタンをクリックしたあと、[招待]ボタンをクリックします。

HINT

[参加者]ボタンから招待する

[参加者]ボタンに表示される▲をクリックして、[招待]を選択する操作も可能です。

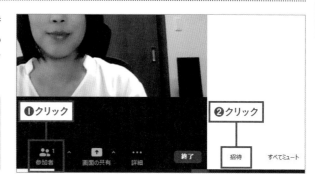

3 連絡先の一覧またはメールで招待する

招待する手段を選びます。連絡先から招待する場合は、[連絡先]をクリックし、招待する相手を選択します。ここでは、複数名選択できます。[招待]をクリックすると、相手側に案内が送信されます。

 ## スマホの場合

1 予約したミーティングを選択する

[ホーム]画面で[ミーティング]をタップします。

2 ミーティングを開始する

ミーティングの右側に表示される[開始]をタップします。

3 オーディオへの接続を許可する

[インターネットを使用した通話]をタップします。

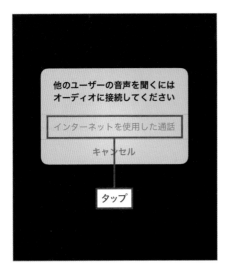

4 会議がスタートした

会議がスタートしたら、待機室を確認するために[参加者]ボタンをタップします。

5 待機室の参加者を許可する

待機室の参加者を確認して、[許可する]ボタンをタップします。

💡 HINT 招待で参加者を招待できる

参加者一覧の左下に表示される[招待]ボタンをクリックすると、追加で参加者を招待できます。

6 参加者が入室した

許可された参加者が会議に入室します。

💡 HINT 参加者がビデオを停止している場合

参加者がビデオを停止にしている場合は、設定されているプロフィール画像等が表示されます。

05 ホストと共同ホストの違い

Point
- ●共同ホストを設定するとホストの権限の一部を利用できる
- ●共同ホストは複数名指定できる
- ●共同ホストが設定できるのは有料アカウントのみ

　Zoomの特徴の一つに「共同ホスト」の設定があります。共同ホストは有料プランでのみ使える機能で、ホストの権限の一部を利用できます。大人数で会議を進行する際は、スムーズかつトラブルに対応できる助手として「共同ホスト」を設定することが多くあります。共同ホストは、複数名指定することができます。

■ 共同ホストを設定する場面

・大人数が参加する会議や講演会などで、ホストを支援する助手として
・ブレイクアウトセッション時のルームの巡回や活性化する支援者として

■ 共同ホストに与えられる権限

概要	権限の内容
参加者の入退室	待機室で入室許可を待つ参加者をメインルームに入室する許可 参加者を強制的に退出させる ミーティングをロックして他の参加者が入れないようにする
参加者の操作制限	マイクをミュートへ強制的に切り替える ビデオ映像を強制的に停止する 参加者の名前を変更できないように制限する 画面共有できないように制限できる
ブレイクアウトセッション	ブレイクアウトセッション時に、各ルームに入室・退室ができる

■ ホストだけに与えられる権限

・待機室の有効化
・参加者を「ホスト」や「共同ホスト」に設定する
・参加者がローカルで録画できる権限の付与

参加者を共同ホストに設定する

共同ホストの設定は、会議開始後、参加者としてメインルームに入室したメンバーに対して指定します。

1 参加者名に表示される[詳細]を選択

会議開始後、[参加者]ボタンをクリックして、参加者の一覧を表示します。共同ホストに設定したい参加者をポイントして表示される[詳細]をクリックします。

2 [共同ホストにする]を選択

一覧から[共同ホストにする]を選択します。確認画面が表示されたら参加者名を選択して[はい]をクリックします。

3 参加者が共同ホストに設定された

参加者名の後に「共同ホスト」と表示されたら、共同ホストの設定が完了です。

参加者一覧の並び順が変わる

参加者を共同ホストに設定すると、参加者名の並び順が変更され、ホストの次に表示されます。

06 会議中の画面表示を変更する

Point
- ●会議時の画面表示には「ギャラリービュー」と「スピーカービュー」がある
- ●発言者を大きく映す場合は「スピーカービュー」がベスト

ビューの切り替え

　Zoomでは会議のメインルームの表示を変更することができます。ホストは常に全体を見ながら会議を進行するため、参加者が一覧形式で表示される「ギャラリービュー」の利用が多くなるでしょう。また、発言者が自動的に大きく表示される「スピーカービュー」も便利です。

1 スピーカービューを選ぶ

ギャラリービューからスピーカービューに切り替えるには、画面右上の[表示]ボタンをクリックして、スピーカービューを選択します。

> **HINT　一画面に何名の参加者が表示されるのか？**
> 既定では、一画面に25名表示されます。また、設定を変更すると最大49名まで表示できます。設定を変更するには、アプリの[設定]の[ビデオ]で、「ギャラリービューで画面あたりに表示する最大の参加者数」で25名または49名のいずれかを選びます。

2 発言者が大きく表示された

スピーカービューに切り替わり、発言者が大きく表示されます。

スピーカービューになった

> **HINT　スマホでのビューの切り替え**
> スマホでのビューの切り替えについては、P.93を参照してください。

ピンを設定して拡大表示する

特定の参加者を固定して大きく表示したい場合は、「ピン」を使うと便利です。なお、ホストと共同ホストはピンは一人だけではなく、追加することも可能です。

[…]の一覧から[ピンを選択する]

ピンを設定したい参加者映像の右上に表示される[…]ボタンをクリックして、[ピン]を選択します。

> **HINT**
> **映像をダブルクリックするとピン設定**
> 拡大したい映像をダブルクリックすることでも、自動的にピン設定されます。

さらに1名ピンを追加設定する

スピーカービューに切り替わり、ピンを設定した映像が拡大表示されます。さらに、他の参加者に追加でピンを設定しましょう。参加者の映像の[…]ボタンをクリックして[ピンを追加]を選択します。

ピン設定された2名がスピーカービューで表示された

追加でピン設定した映像が、並んで拡大表示された。

> **HINT**
> **ギャラリービューでは左上から順に表示される**
> ピンを設定した際、「ギャラリービュー」では、左上から順に表示されます。

参加者の並び順を変更する

ギャラリービューでは、映像の並び順を自由に変更できます。例えば、会議のキーマンをカメラ位置の下になるように配置すると、常にその相手を確認しながら話ができます。

1 変更したい参加者の映像をドラッグ

変更したい参加者の映像を直接ドラッグし、移動先でドロップします。

2 映像の位置が変更された

変更したい参加者の映像の位置が変更されました。

TIPS ビデオの順番をリセットする

変更した映像の順番を元の状態に戻すことができます。画面右上の[表示]ボタンをクリックして、[ビデオの順番をリセット]を選択します。並びの変更がリセットされ、元の並び順に戻ります。

07 会議中に新しい参加者を招待する

連絡先の一覧から招待する

　会議中に新しい参加者を招待する操作の中で最も簡単かつ早いのは、「連絡先」の一覧から招待する相手を選ぶ方法です。ただし、連絡先から招待する場合は、相手側がZoomにサインインしていないと招待のメッセージが表示されません。

1 [参加者]ボタンから[招待]を選択

新しい参加者を招待するには、ミーティングコントロールの[参加者]ボタンの<kbd>▲</kbd>をクリックして、[招待]を選択します。

2 連絡先から招待する参加者を選択する

招待の画面が表示されたら、[連絡先]を選択して、一覧から招待したい相手を選択して[招待]ボタンをクリックします。連絡先は複数選択できます。

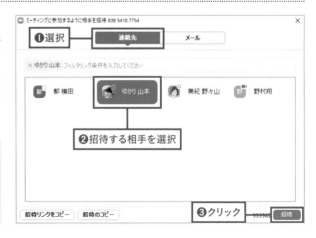

 相手の状態を確認しよう

招待したい相手の状態は、色付きになっているかで確認できます。緑色の状態はすぐに招待を受け取ることができます。

3 招待した相手の入室を許可する

招待した相手が待機室に
入ったら、[許可する]ボタン
をクリックします。

メールを送信して招待する

　既定のメールアプリか、GmailやYahooメール等を指定して招待できます。ミーティング
に必要なIDやパスワードなどの詳細情報がメール本文に記載され、すぐに送信できます。

1 招待画面から[メール]を選択する

招待の画面で、[メール]を選
択し、使用したいメールアプリ
の種類をクリックします。

2 招待したい相手へメールを送信する

件名や本文など、参加に必要
なミーティング情報はすべて
記載されています。「宛先」を
入力したら、[送信]ボタンを
クリックします。

スマホの場合

1 招待画面から[メール]を選択する

ミーティング中に、[参加者]ボタンをタップして、画面左下の[招待]をタップします。

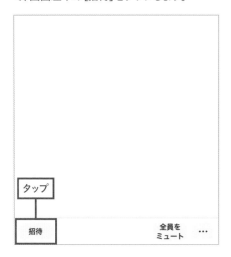

2 一覧から[連絡先の招待]を選択する

招待の方法を選択します。ここでは、[連絡先の招待]を選択しますが、メールやメッセージの送信を手段として選ぶこともできます。

3 連絡先から招待する相手を選ぶ

連絡先の一覧から招待する相手を選択して、[招待]をタップします。

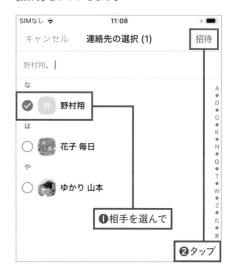

4 招待した相手の入室を許可する

相手が待機室に入室したら[許可する]をタップして入室させます。

08 参加者の音声をミュートにする

Point
●ホストおよび共同ホストには、参加者のマイクをミュートにできる権限がある
●マイクミュートは、全員または個人に対して設定できる

特定の参加者のマイクをミュートにする

Zoomミーティングのマナーとして、発言者以外はマイクをミュートにするのが基本です。ただ、参加者がミュートにするのを忘れている場合など、ホスト側（または共同ホスト）から参加者のマイクを強制的にミュートにできます。

 1 参加者名の[ミュート]ボタンをクリックする

会議中に参加者一覧の画面が表示されている場合は、マイクをミュートにしたい参加者をポイントして、[ミュート]ボタンをクリックします。

HINT **参加者映像から設定**
参加者映像をポイントして表示される[ミュート]をクリックする操作も可能です。

 2 ミュートに設定された

指定した参加者のマイクがミュートに設定変更されます。

HINT **[ミュートの解除]を求めるには**
参加者にミュートの解除を求めるには、参加者の映像をポイントすると右上に表示される[ミュート解除を求める]をクリックします。

1 [すべてミュート]をクリックする

参加者画面の一覧で、[すべてミュート]をクリックします。さらに、表示されたメッセージを確認して[はい]ボタンをクリックします。

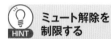

ミュート解除を制限する

「すべてミュート」画面で、「参加者に自分のミュート解除を許可します」のチェックを外すと、参加者側でミュート解除ができないよう制限できます。

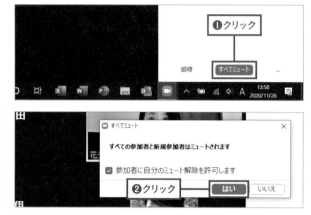

2 ホスト以外のマイクが全てミュートになった

ホスト以外の全員のマイクがミュートになりました。

 スマホの場合

1 [全員をミュート]をタップする

会議中に[参加者]画面を表示して、[…]をタップして[全員をミュート]をタップします。

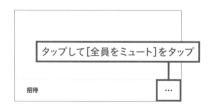

2 [全員をミュート]をタップする

メッセージを確認後[全員をミュート]をタップします。

09 会議中に参加者の映像を非表示にする

Point
- ●ビデオ映像を非表示にしたい場合、ホストは参加者のビデオをオフにできる
- ●ビデオのオンは参加者へ依頼できる

1 [ビデオの停止]を選択する

ビデオをオフにしたい参加者の映像をポイントして[…]をクリックし、[ビデオの停止]を選択します。

2 参加者の映像が非表示になった

ビデオ映像が非表示になります。

映像が非表示になった

💡 **HINT ビデオの開始を依頼する**

ホスト側から参加者のビデオの開始を強制操作することはできません。[…]をクリックして、[ビデオの開始を依頼]を選択します。

 スマホの場合

1 ビデオオフしたい参加者を選ぶ

会議中に[参加者]ボタンをタップしたあと、参加者をタップします。

2 [ビデオの停止]を選択する

[ビデオの停止]をタップします。

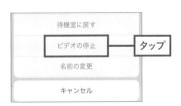

10 | 会議を録画・録音する

Point
- レコーディング機能で会議を録画・録音できる
- 会議終了時に録画内容のデータ変換が行われ、MP4形式に変換される

会議の録画を開始する

会議内容は録画ができます。会議に参加できなかったメンバーに対して「議事録」として会議内容を閲覧させたり、動画教材として再利用することも可能です。

1 [レコーディング]を選択する

録画を開始するには、会議中に[レコーディング]ボタンをクリックして、[このコンピューターにレコーディング]を選択します。

2 レコーディングが開始された

レコーディングが開始され、「レコーディングしています」と表示されます。

レコーディングを開始した

HINT 参加者の録画

参加者に録画を許可するかどうかは、ZoomのWebサイトと参加者一覧で設定します(P.159)。

HINT 一時停止

レコーディング中は、一時停止したり再開したりすることが可能です。

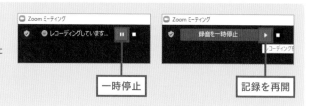

一時停止

記録を再開

レコーディングを終了して録画内容を確認する

1 レコーディングを停止する

レコーディングを停止する場合は、■をクリックします。

2 レコーディングが停止された

停止するとメッセージが表示されます。会議を終了するには、[終了] ボタンから[全員に対してミーティングを終了]を選択します。
自動的に録画内容のデータ変換がスタートします。

❶レコーディングが停止した

❷クリックして会議を終了

野村翔

ミーティングレコーディングを変換

表示前に変換する必要のあるレコーディングがあります。

6%

❸変換がスタート　　変換を停止

会議の終了

[終了] ボタンをクリックして、[全員に対してミーティングを終了]を選択すると、会議が終了されます。なお、ホストが[ミーティングを退出]を選択した場合は、残ったメンバーにホストを割り当てる必要があります。

3 変換が終了してフォルダーが開く

データへの変換が終了すると、保存先のフォルダーが開き、データの確認ができます。

HINT データはどこに保存されるの？

「ドキュメント」の「Zoom」フォルダー内に、会議ごとのフォルダーが作成されデータが保存されます。

データが保存された

録画内容を再生する

　録画したデータを再生してみましょう。録画したデータは、レコーディングしている際の
ビューの状態や、画面共有の状況によって、会議中に表示されている実際の画面と多少異な
る場合があります。

1 録画ファイルを再生する

録画内容を再生するには、
フォルダー内のMP4ファイ
ルをダブルクリックして開き
ます。

2 録画内容が再生された

MP4ファイルに関連付けら
れたアプリケーションが起動
し、録画した内容が再生され
ます。

HINT　録音内容を再生する

記録した音声データも変換され
ます。音声データは、AAC形式の
「audio_only.mp4a」というファイ
ル名で保存されています。ダブルク
リックすると、音声が再生されます。

Column ビューの設定によって録画画面が異なる

　会議中のビューの状態によって、録画される画面が異なります。また、アプリの[設定]の[ビデオ]で[マイビデオをミラーリング]をオンにしていても、ミラーリングされない状態で録画されます。スピーカービューやピン設定している状態では、拡大されているビデオ映像のみが録画されます。

ミーティング画面

録画画面

ホスト側から画面共有して説明している場合は、発言者のみが右上に表示されます。

ミーティング画面

録画画面

Column 参加者に録画を禁止する・許可するには

　ZoomのWebサイトで[設定]→[記録]を開き、[ローカル記録]の[ホストは参加者にローカルでレコーディングを行う許可を付与できます]をオフにすると、一般参加者の画面から[レコーディング]ボタンが消えます。

オンにした場合は、一般参加者の「レコーディング」ボタンは表示されますが、クリックしてもレコーディングができず、ホストの許可が必要になります。

録画を許可するには、会議中に[参加者]ボタンから参加者一覧を開き、対象をポイントして[詳細]→[ローカルファイルの記録を許可]をクリックします。

スマホの場合

　スマートフォンでは、有料アカウントのみ会議の記録ができます。また、保存先はクラウド保存になります。

1 [詳細]ボタンをタップ

会議を記録するには、有料アカウントでサインインし、会議中に[詳細]をタップします。

2 [クラウドにレコーディング]を選択

一覧から[クラウドにレコーディング]をタップします。

3 記録がスタートした

記録がスタートします。記録中は、画面右上にレコーディング中の表示と、画面中央に[一時停止][停止]ボタンが表示されます。

4 データ変換後クラウドに保存される

ミーティング終了時、レコーディングの[停止]ボタンをタップします。クラウドへのデータ保存が完了したら、保存先を知らせるメールが届きます。

11 録画の保存先をクラウドに変更する

Point
● クラウド保存は有料アカウントのみ可能
● 録画内容が整うとメールに保存先の案内が送られる

録画する際に保存先を変更する

有料アカウントでサインインした場合は、録画内容の保存先をクラウドに指定することができます。

1 [クラウドにレコーディング]を選択する

クラウドに記録する場合は、[レコーディング]をクリックして、[クラウドにレコーディング]を選択します。

❶クリック

このコンピューターにレコーディング　Alt+R
クラウドにレコーディング　Alt+C　❷選択

参加者　チャット　画面の共有　レコーディング　リアクション　詳細　終了

2 録画を停止する

クラウドへの記録がスタートします。一時停止や停止ボタンの操作は、ローカル保存と同様です。録画を終了するには[停止]ボタンをクリックします。メッセージが表示されるので、[はい]をクリックして画面を閉じます。

Zoom ミーティング
レコーディングしています...

❶クラウドへの記録がスタート　❷停止する場合にクリック

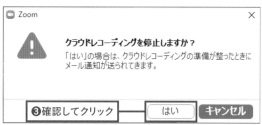

Zoom　×

⚠ クラウドレコーディングを停止しますか？
「はい」の場合は、クラウドレコーディングの準備が整ったときにメール通知が送られてきます。

❸確認してクリック　はい　キャンセル

メールを確認する

ミーティング終了後、受信したメール内にクラウドの保存先が表示されます。必要に応じて、クラウドの保存先を参加者に案内します。

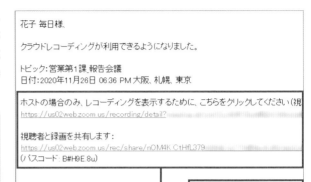

花子 毎日様、

クラウドレコーディングが利用できるようになりました。

トピック:営業第1課_報告会議
日付:2020年11月26日 06:36 PM 大阪、札幌、東京

ホストの場合のみ、レコーディングを表示するために、こちらをクリックしてください(視
https://us02web.zoom.us/recording/detail?

視聴者と録画を共有します:
https://us02web.zoom.us/rec/share/nOM4K_CtHfL379
(パスコード:B#H9E.8u)

Zoomのご利用ありがとうございました。　　　**保存先が記載されている**

> 💡 **HINT**　**参加者に録画の保存先を案内する**
> 参加者に保存先を案内する場合は、「視聴者と録画を共有します」以降のURLとパスコードを知らせます。

会議を自動的に録画するように設定する

1　サインインして[記録]タブを開く

ZoomのWebページ(zoom.us)からサインインします。[設定]を選択して、[記録]タブに切り替えます。

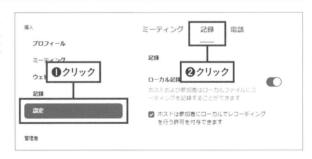

2　[自動記録]をオンにする

[自動記録]をオンに設定すると、会議を開始すると同時にレコーディングがスタートします。

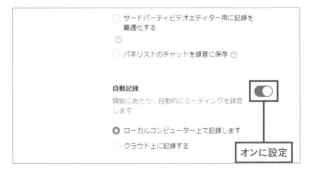

12 会議中のセキュリティを高める

Point
- なりすましを防いでスムーズな進行ができるように対策をする必要がある
- 参加者のすべての機能を制限する緊急手段を覚えておこう

参加者のチャットを無効化する

　学校などの授業でZoomを使う場合においては、学生同士の「私語」につながる可能性もあります。チャットを無効化する対策は場面によって必要になります。

1 [セキュリティ]から制限する機能を選択する

会議中に、[セキュリティ]ボタンをクリックします。現在使用可能になっている機能にチェックがついていることを確認し、[チャット]を選択して使用できないようにします。

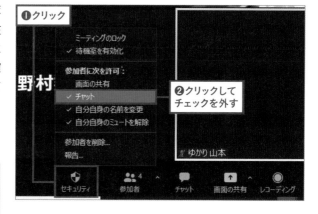

HINT ホストと共同ホストのみの機能

[セキュリティ]ボタンは、ホストの画面のみに表示されます。

TIPS 制限した機能はホスト側と参加者側でどう異なるのか

参加者側のチャットを無効にしても、ホスト側から参加者へメッセージを送ることができます。メッセージを受け取った参加者側では、読むことはできますが、参加者側から送ることはできません。

ミーティングに他の参加者が入れないようにする

　ミーティングに勝手に入ってこないようロックする機能があります。参加者が全員入室したあとロックします。参加者がホストも含めて何名なのかを確認しておくことが大切です。

1 [ミーティングのロック]を選択する

[参加者]ボタンに表示される人数を確認します。全員の入室を確認したら、[セキュリティ]ボタンをクリックして、[ミーティングのロック]を選択します。

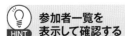
HINT 参加者一覧を表示して確認する
人数が多い場合、参加者数の数字だけでなく、[参加者]一覧を表示して全員の名前と招待した名前を照合しましょう。

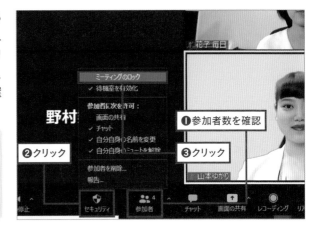
❶参加者数を確認
❷クリック
❸クリック

2 ミーティングがロックされた

ミーティングがロックされました。新しい参加者は入室できません。

HINT 参加者側でもロックが分かる
ミーティングのロックをした場合は、参加者側でも「(ロック済み)」と表示されます。

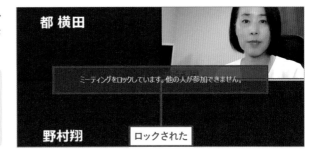
ロックされた

TIPS プロフィール画像を非表示にする

ホストが参加者のプロフィール画像を非表示にするには[セキュリティ]ボタンから[プロフィール画像を非表示にします]を選択します。プロフィール画像が、参加者名に変更されます。なお、ビデオ映像で参加している参加者はそのまま映像で表示されます。

❶クリックすると
山本ゆかり
❷プロフィール画像が非表示になる

参加者側の操作をすべて制限する

[セキュリティ]の一覧から、[参加者アクティビティを一時停止]を選択すると、「参加者への許可」の機能がすべて使用できなくなります。会議中に不審者が入っていることに気づいた場合などに使用する緊急手段です。参加者側からの画面共有はすぐにキャンセルされ、ホストも含めた全員のビデオ映像が非表示になります。

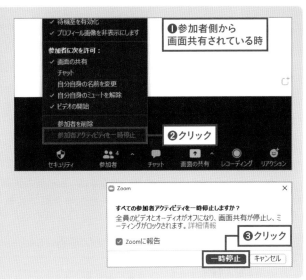

 # スマホの場合

1 [詳細]ボタンから[セキュリティ]を選ぶ

会議進行画面で[詳細]をタップし、[セキュリティ]を選択します。

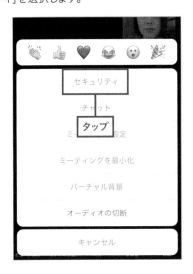

2 制限したい機能を設定する

制限したい操作のオン／オフをスライドして変更します。設定が終わったら[完了]をタップします。

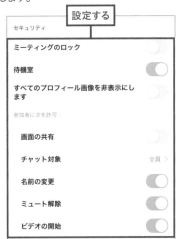

Point
- 共有したい画面はあらかじめデスクトップに起動しておく
- 画面共有をすると、ホスト側が操作した内容もすべて参加者が閲覧できる

画面共有を開始する

　会議に参加した同士で画面共有できる点は、Zoomの特徴の一つです。画面共有はデスクトップ上で起動しているアプリの画面を参加者全員で共有できる機能です。

1 [画面の共有]ボタンをクリックする

画面共有する前にデスクトップ上にあらかじめ共有したいデータやアプリを起動しておきます。そして、[画面の共有]ボタンをクリックします。

2 共有する画面を選択する

画面共有したいデータを選択して、[共有]ボタンをクリックします。

動画を再生する場合

動画を共有して閲覧したい場合は、あらかじめ動画データを再生し、一時停止の状態にしておきます。また、「音声を共有」にチェックを付けます。

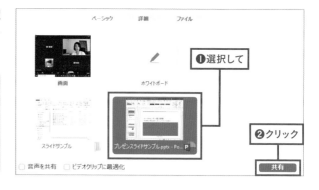

フォルダーを選択して共有しても開いたファイルは相手に表示されない

共有できるウィンドウでフォルダーを選択して、そのフォルダー内のファイルを開いても、共有された側には、開いたファイルは見えません。必ずファイルを開いた後で、画面共有しましょう。

3 画面が共有された

画面共有がスタートしました。

画面共有が
スタートした

共有時の画面

ここでは、ホスト側から共有した際のミーティングコントロールのボタンとその役割を解説します。

❶新しい共有	ボタンをクリックして共有する画面を他の内容に変更することができます
❷共有の一時停止	ホスト側(共有した側)の操作を見せたくない場合は、一時停止をクリックして操作をします。一時停止中は、ホスト側(共有した側)の操作は参加者側(共有された側)から見えません
❸コメントを付ける	クリックすると、コメントの操作メニューが表示され、画面上に書き込むことができます
❹リモート制御	共有時に参加者側で書き込めるようにするなど権限を与えます

参加者のサムネイルを最小化する

共有中は、参加者のサムネイルビデオが共有
画面に重なって表示されます。サムネイルの
タイトルバーをドラッグすれば自由な位置に
変更できますが、[サムネイルビデオの非表示]
をクリックすると、邪魔にならないように最小
化されます。

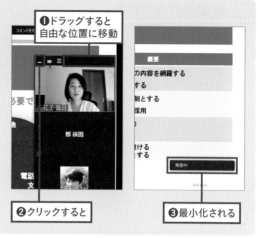

❶ドラッグすると
自由な位置に移動

❷クリックすると

❸最小化される

ミーティングコントロールの位置を移動する

画面共有時のミーティングコントロールは、通常は画面の上部に表示され、使用しない時は自動的に非表示になっています。これは、画面下に移動したり、切り離して自由な位置に移動したりできます。

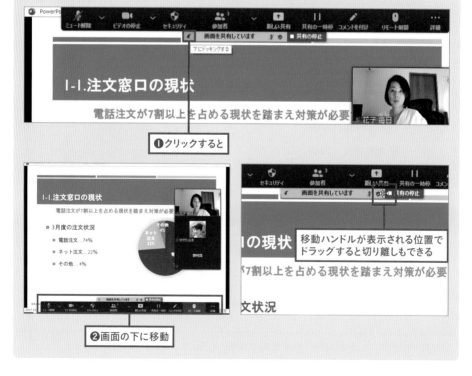

❶クリックすると

❷画面の下に移動

移動ハンドルが表示される位置で
ドラッグすると切り離しもできる

14 共有した画面に ホストから書き込み、保存する

Point
- ●画面共有中にホストや参加者から、文字やスタンプなどの書き込みができる
- ●ホストはすべてのコメントに対して消去できる権限を持つ

ホスト側から書き込みをする

1 [コメントを付ける]をクリック

ミーティングコントロールの
[コメントを付ける]（Macでは
[ホワイトボード]）ボタンをク
リックすると、コメントの操作
メニューが表示されます。

❶クリックすると

❷操作メニューが表示

2 コメントを付ける

[テキスト]ボタンをクリックし
て、任意の位置に文字を入力
します。

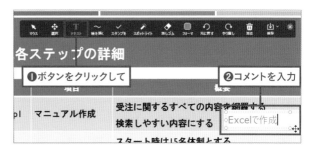

❶ボタンをクリックして

❷コメントを入力

| | マニュアル作成 | 受注に関するすべての内容を編集する |
| | | 検索しやすい内容にする |

Excelで作成

HINT　書き込みはコメントの記入者名が表示される

コメントが描画された後、選択ハン
ドルでコメントをポイントすると、書
いた参加者の名前が表示されます。

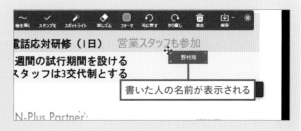

電話応対研修（1日）　営業スタッフも参加
週間の試行期間を設ける
スタッフは3交代制とする

野村翔

書いた人の名前が表示される

N-Plus Partner

書き込んだ画面の内容を保存する

　書き込んだ画面の状態をPNGやPDFファイルとして保存できます。必要なコメントはいったん保存して、そのあとコメントを消去します。

1 ［保存］ボタンをクリック

画面全体を保存しましょう。［保存］ボタンをクリックします。

HINT PDFで保存する

PDFで保存する場合は、［保存］の右上の ▾ をクリックして［PDF］を選択します。

2 保存先のフォルダーを開く

もう一度、［保存］ボタンをクリックして、［フォルダーで表示］を選択します。

❶クリックして
❷選択

3 共有画面全体が画像データとして保存された

コメントを含めた画面が保存されているフォルダーが開き、ファイルが保存されていることが確認できます。

保存された

HINT 追加したコメントを削除する

描画したコメントは、［消しゴム］や［消去］で削除できます。ホストは、画面を共有する側でも共有された側でもコメントをすべて消去できる権限を持ちます。参加者は、画面共有している場合は、すべてのコメントを消去できますが、共有された側の場合は、自分が書いた内容だけ消去できます。

15 画面共有でホワイトボードを使う

Point
- フリーディスカッションはホワイトボードを使って全員で自由に書き込もう
- 書き込みはコメント機能を使うと文字やスタンプ、図形も作成できる

ホワイトボードを画面共有する

用意した資料以外で説明したい時に、「ホワイトボード」を活用して説明することができます。記入したホワイトボードは、画像やPDFファイルとして保存できます。

1 [ホワイトボード]を選択する

[画面の共有]ボタンをクリックして、[ホワイトボード]を選択して、[共有]ボタンをクリックします。

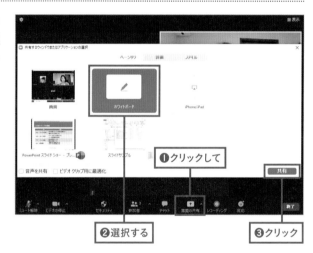

2 文字や図形などを入力・作成する

ホワイトボートと、コメントの操作メニューが表示されます。コメントを入力します。

3 参加者からも書き込みが可能

参加者からも文字やスタンプ、図形の入力ができます。書き込んだメンバーの名前が自動的に表示されます。

4 書き込んだ内容を保存する

[保存]ボタンをクリックします。保存した後にもう一度、[保存]ボタンをクリックして[フォルダーで表示]を選択します。

HINT
PDFで保存する

PDFで保存する場合は、[保存]の右上の ⌄ をクリックして[PDF]を選択します。

5 フォルダーにホワイトボードが保存された

フォルダーが開き、ホワイトボードが保存されていることが確認できます。

HINT
匿名でコメントを作成する

ホワイトボードに書き込んだ際に、名前が出てしまうことによって、参加者側が書き込みづらいこともあります。書き込んだメンバーの名前を出さないように設定するには、[詳細]ボタンをクリックして、[注釈者の名前を非表示]を選択します。

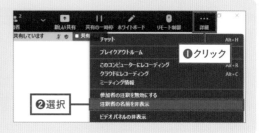

16 スマホやタブレットの画面を共有する

Point
- ●iPhoneで「画面のブロードキャストを開始」を選択する
- ●タブレットの操作もスマートフォンと同様

スマートフォンで画面共有を操作する

スマートフォンから画面共有する場合は、「画面のブロードキャスト」機能を使います。

1 [共有]ボタンをタップ

画面共有を開始するには、会議中に[共有]ボタンをタップします。

2 [画面]をタップ

表示された一覧から[画面]をタップします。

3 [ブロードキャストを開始]をタップ

[Zoom]を選択して[ブロードキャストを開始]をタップします。

4 共有が開始された

ブロードキャストが開始されました。

173

5 スマホの画面が参加者へ共有された

ブロードキャスト中の操作はすべて共有先で
表示されています。

6 共有を終了する

共有を終了するには、ホーム画面からZoom
を選択して[共有を停止]をタップします。

タブレットで画面共有を操作する

タブレットから画面共有する手順もスマートフォンと同様です。

1 [共有]ボタンから[画面]を選択

会議中に[共有]ボタンをタップして[画面]を
選択します。

2 ブロードキャストを開始する

[ブロードキャストを開始]をタップします。
画面共有が開始され、タブレット上の操作が
すべて共有先にも表示されます。[ブロード
キャストを停止]をタップすると共有が終了
します。

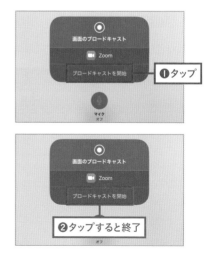

17 画面共有時の背景に プレゼン資料を使う

Point
- ●PowerPointのスライドをバーチャルへ背景として使用できる
- ●スライド内の発言者の大きさや位置は自由に変更できる

PowerPointのスライド内に発表者を表示する

PowerPointのスライドをバーチャル背景として利用することができます。ただし、スライドに設定されているアニメーションは再生されません。

1 [バーチャル背景としてのPowerPoint]を選択する

[画面の共有]ボタンをクリックして、[詳細]を選択します。一覧から、[バーチャル背景としてのPowerPoint]（Macでは[バーチャル背景としてのスライド]）を選択して、[共有]ボタンをクリックします。

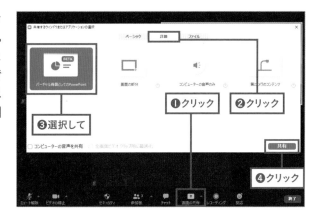

2 PowerPointのファイルを開く

バーチャル背景にしたいPowerPoint（MacではKeynoteまたはPowerPoint）のファイルを保存先のフォルダーから選択して、[開く]ボタンをクリックします。

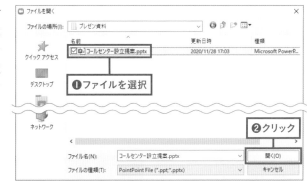

3 スライドショー形式でファイルが開いた

発表者が右下に表示され、背景にスライドショー形式でファイルが開きます。

発表者の映像のサイズや位置を変更する

1 発表者を選択して拡大する

発表者をクリックして、表示された外枠のサイズを変更すると、発表者が大きく表示されます。

2 スライドを切り替える

スライドの切り替えは、スライド中央下に表示される[<][>]ボタンをクリックして操作します。

HINT

共有先の画面は全画面がベスト

共有先では、発表者のサムネイル画像は、最小化して、全画面で表示すると、効果的なプレゼンテーションの視聴ができます。

18 会議中のチャットの内容を保存する

Point
- チャットの内容をテキストデータで保存できる
- 保存した内容は、チャットしたやり取りの時刻や、誰が書いたかも記録される

チャット内容を自動保存する設定を行う

自動保存は、Zoomのアカウントページから設定します。保存されるのは、ホスト側のチャット画面に表示される内容のみで、参加者同士のチャットは保存されません。

1 Zoomの設定画面を表示する

ZoomのWebページから、自分のアカウントでサインインします。[設定]をクリックしたら、さらに[ミーティング]を選択します。さらに画面をスクロールします。

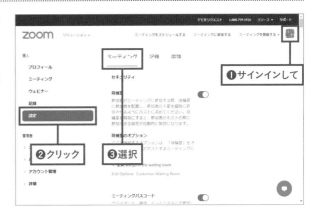

2 自動保存をオンに設定する

「ミーティングにて(基本)」一覧の、[チャット自動保存]をオンにします。

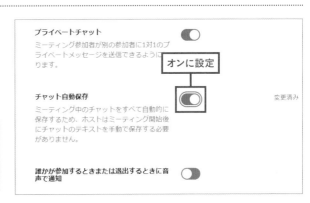

HINT
プライベートチャットの設定

[プライベートチャット]をオフにすると、参加者同士のチャットを禁止できます。

ミーティングに自動保存されたチャット内容を確認する

ホスト側のチャット画面でやり取りした内容は、会議終了後に自動保存されます。

1 参加者のチャットの許可を確認する

参加者のチャットの許可を確認しましょう。[セキュリティ]ボタンをクリックして[チャット]にチェックがついていることを確認します。

2 チャットでテキストを送信する

会議中に[チャット]ボタンをクリックしてチャットの画面を開き、メッセージをやり取りします。

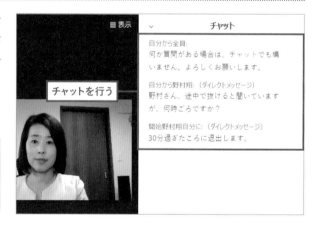

 プライベートチャットは赤

赤字で「ダイレクトメッセージ」と表示されているメッセージは、ホストと特定の参加者のやり取りです。

3 会議終了後にフォルダー内のデータを開く

会議終了後に、「ドキュメント」フォルダーの「Zoom」フォルダーから会議の日付のフォルダーを開くと、テキストデータが保存されています。

19 | ブレイクアウトセッション とは何か

Point
- ●ブレイクアウトセッションでグループごとにミーティングすることができる
- ●研修内でグループ討議やワークショップをする際に活用できる
- ●学校では、班別の活動実施などで利用できる

Zoomのブレイクアウトセッションの特徴

ブレイクアウトセッションは、参加者同士が小集団を作ってコミュニケーションができる機能です。研修や教育の場面で、Zoomがよく利用される理由は、このブレイクアウトセッション機能があるからです。これまでオンラインでは、主催者から一方通行で説明するか、主催者対参加者の双方向のやり取りでした。ところが参加者同士が主体的に関わることができるブレイクアウトセッションによって、これまで対面や集合でしかできなかったことがオンラインでも実現できるようになったのです。

■ グループ討議やワークショップが簡単にできる

大人数の会議や研修では中々発言しづらいことも、小集団ならば発言しやすくなります。グループ内の人数も自由に設定できます。

■ グループ員の組み換えや移動も簡単

ブレイクアウトセッションは、グループの再作成も簡単です。また、グループ員を移動して組み替えることもできます。

■ ホストや共同ホストは各グループの討議を巡回することも可能

ブレイクアウトセッション中は、それぞれのルームにホストや共同ホストが入って参加することができます。これによって、グループの様子を確認したり、支援することも可能です。また、セッション中も全員に対してメッセージを送ることができます。

■ ルーム内で画面共有することもできる

ブレイクアウトセッション中の各ルーム内では、話し合うだけではなく、Zoomの画面共有で情報を確認しあったり、ホワイトボードを共有してグループ員全員で書き込んで保存したりすることもできます。

ブレイクアウトセッションにおける、ホスト側と参加者の一連のアクションを確認しましょう。

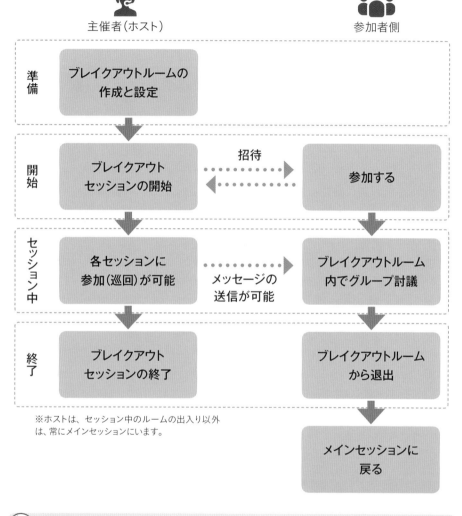

※ホストは、セッション中のルームの出入り以外
は、常にメインセッションにいます。

 HINT

ブレイクアウトルームを
利用できる設定にする

ブレイクアウトルーム機能を使うには、ZoomのWeb
サイトの設定画面で、「ブレイクアウトルーム」をオン
にしておく必要があります。また、「スケジューリング時にホストが参加者をブレイクアウトルームに割り当てること
を許可する」にチェックを付けると、ミーティングスケジューリング時に、CSVファイルを利用してブレイクアウトルー
ムを登録できます。

20 グループ分け（ブレイクアウトルーム）の準備

Point
- ●ブレイクアウトセッションを開始する前にルーム数と参加者の振り分けを行う
- ●割り当ては「自動」で設定し、後からグループ員を移動する方法が効率的

グループ分けの準備をする

　ブレイクアウトセッションを行うには、事前にホスト側でブレイクアウトルームの作成を行います。ルーム数や参加者の振り分け方も設定できます。グループ分けを最も効率的に行えるのは、自動で参加者を割り当て、ルーム内の参加者を移動して調整する方法です。

1 ［ブレイクアウトルーム］をクリック

ブレイクアウトルームを作成するには、ミーティングコントロールの［ブレイクアウトルーム］ボタンをクリックします。

HINT
ルーム作成はいつ行う？
ルーム作成は参加者全員が揃った後に作成するとよいでしょう。

2 ルームの数と割り当て方法を設定

ルーム数を設定して、割り当て方法を選択します。［作成］ボタンをクリックすると、ブレイクアウトルームの準備ができます。

HINT
参加者によるルーム選択を許可
「参加者によるルーム選択を許可」を選んだ場合は、セッション開始時、参加者は未割り当ての状態でブレイクアウトルームに入ります。その後自分で入室ルームを選んで参加する流れになります。

3 メンバーを移動したり交換したりする

「自動で割り当てる」を選択すると、ルーム数に合わせて参加者をランダムに割り当てます。各ルーム内の参加者名をポイントして、別のルームに移動したり、別ルームの参加者と交換したりできます。

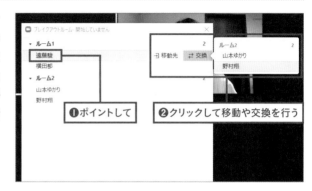

❶ポイントして　❷クリックして移動や交換を行う

4 オプションを設定する

[オプション]をクリックして、セッションの時間設定をします。オプション設定画面の外をクリックして設定を完了します。

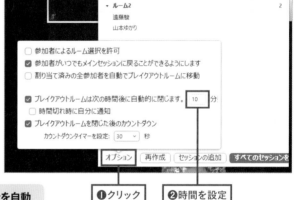

❶クリック　❷時間を設定

HINT　セッション中に「残り時間」が表示される

ここで設定した時間は、セッション中、参加者の画面に「残り時間：●●●●」と表示されます。

HINT　「割り当て済みの全参加者を自動でブレイクアウトルームに移動」

この項目にチェックを付けておくと、参加者は[参加]ボタンをクリックする手間がなくなります。

TIPS　手動で割り当てる

ブレイクアウトルームの割り当てで「手動で割り当てる」を選択した場合は、作成されたルームに対して、[割り当て]をクリックして、参加者を選択します。参加者の人数が少ない場合は、手動で設定した方が早い場合もあります。

❶クリック　❷選択

21 ブレイクアウトセッションの開始と終了

- 参加者がスムーズに参加できるようにあらかじめプロセスや注意事項を説明しよう
- セッション中は、ホストや共同ホストがルームを巡回して聴講や支援をしよう

ブレイクアウトセッションの開始

　ブレイクアウトセッションの進行は、ホストの役割が大切です。特に初めてブレイクアウトセッションに参加するメンバーに対しては、事前にプロセスや操作に対する協力をお願いしておく必要があります。進行に関する資料を作成しておいて、画面共有で事前説明に使うことも検討しましょう。

■ ホストから参加者への事前説明

事前説明においては、以下の内容を伝えましょう。すべて必要ではありませんが、参加者か戸惑わないように解説をします。

・招待に対して[参加]ボタンでルームに入ること（招待が届く場合のみ）
・制限時間と残り時間の表示に関すること
・グループセッションが円滑に進行するようメンバー間で協力をすること
・誤ってミーティングを退出してしまわないこと
・メインセッションへ戻る操作はホスト側で行うため勝手に戻らないこと
・グループセッション中にホストや共同ホストが聴講に入ること

1 ［すべてのセッションを開始］

ミーティングコントロールで[ブレイクアウトルーム]を選択します。あらかじめ作成したルームの準備画面で、[すべてのセッションを開始]（Macでは[すべてのルームを開ける]）ボタンをクリックします。

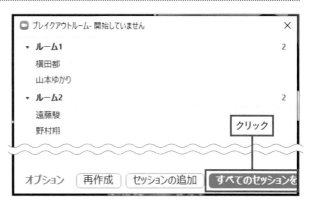

2 参加者がブレイクアウトルームに招待される

ブレイクアウトセッションがス
タートしました。

3 すべての参加者がルームに入ったことを確認

ルームに入った参加者名の○
は、緑色に変化します。全員
がルームに入ったことを確認
します。

**HINT 参加者によって時間
がかかることもある**

ブレイクアウトルームに中々入れず
メインセッションに参加者が残って
いることがあります。原因は、参加
者のネット環境や、ブラウザ版か
ら参加したことなど、様々な要因が
重なっていることが考えられます。

HINT ブレイクアウトルームの画面表示

ブレイクアウトルームに入った参加者の画面
は右のとおりです。残り時間のカウントダウ
ンの表示が行われる他、ミーティングコント
ロールの右側に[ルームを退出する]ボタンが
表示されます。このボタンをクリックして表
示される[ブレイクアウトルームを退出]を選
択すると、メインセッションに戻ることができ
ます。ただ、誤って[ミーティングを退出]を
クリックしてしまう方も多いため、事前説明が
必要です。

ホストや共同ホストがブレイクアウトルームに入る

　ホストと共同ホストはすべてのブレイクアウトルームに入って参加できます。また、セッション中に参加者の了解を得て、別のグループに移動することもできます。

1 ルームに参加する

ブレイクアウトが進行中に、
ルーム名の右側に表示される
[参加]を選択して、[はい]ボ
タンをクリックします。

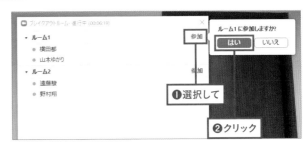

2 ブレイクアウトルームに参加できた

ブレイクアウトルームに入るこ
とができました。

 ルームへの入室に 配慮しよう
ルーム内でディスカッション中に、
突然ホストが入ってくると、参加者
によっては、驚いたり話が中断して
しまう場合があります。ビデオを停
止して入る等、配慮しましょう。

3 別のルームに参加する

別のルームへ移動したい場合
は、[ブレイクアウトルーム]ボ
タンをクリックします。進行中
の画面で、次に入りたいルー
ム名の右側の[参加]を選択
して、[はい]ボタンをクリック
します。

4 別のルームに参加できた

目的のブレイクアウトルームに入室できました。

ルームに参加できた

5 ブレイクアウトルームを退出する

途中でメインセッションに戻る場合は、[ルームを退出する]ボタンをクリックして[ブレイクアウトルームを退出]を選択します。

HINT ボタンの選択間違いに注意

メインセッションに戻る際には、上の二つのボタンを押さないように注意しましょう。

❶クリック

ルームを退出する

❷クリック

全員に対してミーティングを終了

ミーティングを退出

ブレイクアウトルームを退出

キャンセル

HINT すべてのルームにメッセージを送る

ホストや共同ホストは、ブレイクアウトセッション中に、全員に対してメッセージを送信できます。「ブレイクアウト進行中」の画面で、[全員にメッセージを放送]をクリックして、メッセージ内容を入力します。[ブロードキャスト]ボタンをクリックすると、全参加者の画面上にホストからのメッセージが表示されます。

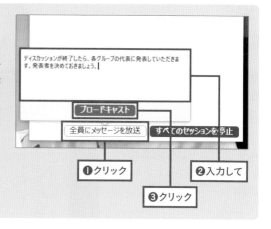

ディスカッションが終了したら、各グループの代表に発表していただきます。発表者を決めておきましょう。

ブロードキャスト

全員にメッセージを放送　すべてのセッションを停止

❶クリック　❷入力して　❸クリック

ブレイクアウトセッションを終了する

　ブレイクアウトセッションは終了時間を過ぎると、カウントダウンが始まります。予定時間より前に終了したい場合は、停止することもできます。

1 カウントダウンがスタートする

ブレイクアウトセッションの定刻時間が過ぎると、カウントダウンがスタートします。

2 メインセッションに参加者が戻る

終了すると、全員がルームからメインセッションに戻されます。

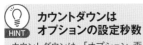
カウントダウンはオプションの設定秒数

カウントダウンは、「オプション」画面（P.182）で設定した「閉じた後のカウントダウン」の秒数で実施されます。

途中で停止する

ブレイクアウトセッション中にセッションを停止する場合は［すべてのセッションを停止］（［すべてのルームを閉じる］）ボタンをクリックします。カウントダウンがスタートして、終了すると参加者全員がメインセッションに戻されます。

22 ブレイクアウトルームと参加者を事前登録する

Point
● 人数が多いブレイクアウトセッションは、事前に作成して登録が可能
● 事前登録にはCSVファイルが必要（ダウンロードできる）

ミーティングの予約時にブレイクアウトルームを設定する

　大人数の研修会などでは、研修会がスタートしてからブレイクアウトルームの準備をするのは大変です。Zoomでは、最大50のブレイクアウトルームと合計200名の参加者を事前に割り当てることができます。

1 Zoomのアカウントのページを開く

Zoomアプリのホーム画面で、アカウント一覧から[自分のプロファイル]（プロフィール画像が未設定の場合は「自分の画像を変更」）を選択します。

HINT ZoomのWebサイトでサインインする
アカウントページは、ZoomのWebサイトから直接サインインして表示することもできます。

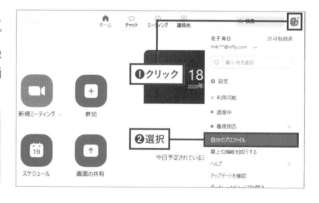

2 ミーティングスケジュールを予約する

[ミーティングをスケジュールする]を選択して、必要な情報を設定します。さらに、画面をスクロールします。

3 ブレイクアウトルームを事前割り当てする

「ミーティングオプション」の一覧で[ブレイクアウトルームを事前割り当て]にチェックを入れます。さらに、「CSVからのインポート」をクリックします。

4 CSVファイルをダウンロードする

CSVファイルを作成するために、「ダウンロード」をクリックします。
さらに、ダウンロードファイルの ✓ をクリックして[開く]を選択します。

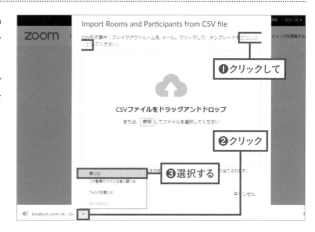

CSVファイルを作成し割り当てる

1 CSVファイルを作成する

CSVファイルを開くと、通常はExcelが起動してファイルが開きます。ルーム名と割り当てる参加者のメールアドレスを1レコードずつ入力します。完成したら、[名前を付けて保存]をクリックします。

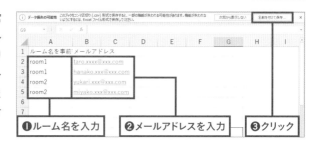

2 名前を付けて保存する

保存先を指定し、ファイル名を入力して、[保存]ボタンをクリックします。なお、保存時のファイル形式はCSV形式のままにします。

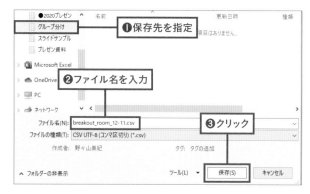

3 CSVファイルの保存先を参照する

再び、ミーティングスケジュールのブラウザ画面に戻ります。[参照]ボタンをクリックして、CSVファイルを指定します。

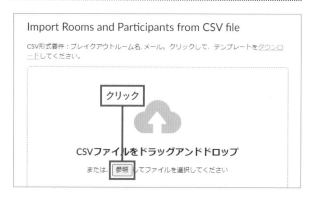

4 ブレイクアウトルームの割り当てが完成した

設定したルーム名と、割り当てる参加者の一覧が表示されました。[保存]ボタンをクリックし、さらにスケジュール画面を保存すると、事前登録が完了します。

設定を確認して
[保存]をクリック

23 会議の記録履歴を確認する

Point
●レコーディング済みの会議の履歴を確認できる
●クラウドにレコーディングした会議の動画はダウンロードできる

実施済みの会議の記録内容を確認する

実施済みの会議の履歴や、レコーディングした内容を後から確認できます。記録内容は、レコーディングした動画、音声、チャット内容等のデータです。

1 [ミーティング]画面を表示する

Zoomアプリのホーム画面で、[ミーティング]をクリックします。

2 レコーディング済みの一覧を確認する

[レコーディング済み]を選択して、実施済みのミーティングを選択すると、右側に履歴として実施日や、記録内容の保存先が表示されます。

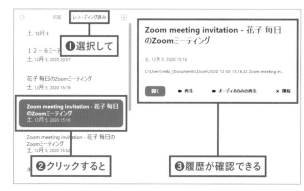

3 記録先を開く

レコーディング時に、記録先
をコンピューターにした場合
は、記録先のパスが表示され
ます。[開く]ボタンをクリック
します。

4 記録先のフォルダーが開く

記録先のフォルダーが開い
て、レコーディングしたMP4
等のデータが表示されます。

 TIPS クラウドの記録先を開く

レコーディング時に記録先をクラウ
ドにした場合(有料のみ)は、記録先
のURLが表示されます。[開く]ボタ
ンをクリックします。
開いたページで[ダウンロード]ボタ
ンをクリックすると記録された動画
等をダウンロードできます。

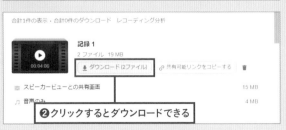

Chapter6

ビデオウェビナーを主催する

この章では、Zoom上でセミナーを開催する有料の機能「ビデオウェビナー」の説明をします。ビデオウェビナーは、通常のビデオ会議とは違い、パネリストの招待や、事前登録の受け付け、リハーサルの開催、投票やアンケートの機能があります。それぞれの操作方法や注意点についてまとめます。

01 ウェビナー実施に向けた準備

Point
- ●ウェビナー開催には有料プランにさらに有料オプションを追加する必要あり
- ●料金は、参加者の人数によって異なる（最大1万人）
- ●ウェビナーは、開催前の事前準備が重要

有料アカウントを持っていても、ウェビナーを開催するためには、追加のオプションを購入する必要があります。

1 アカウントページで追加購入する

ビデオウェビナーを購入するには、ZoomのWebサイトのウェビナー購入の画面から、「今すぐ購入」をクリックします。

https://zoom.us/jp-jp/webinar.html

2 人数を選ぶ

次のページの「利用可能なアドオン」で「ウェビナー」を選び、参加者人数を選択します。

HINT 参加人数と月額料金の目安

2021年2月現在での参加人数と月額料金の目安（一部）は以下の通りです。

人数 （参加者）	月額料金 （税別）
100	5,400円
500	18,800円
1,000	45,700円

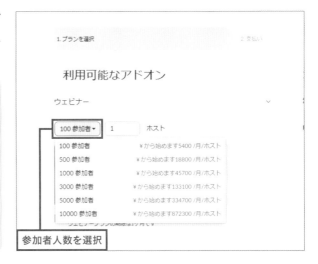

ウェビナー準備から終了までのワークフロー

ここでは、主催者（ホスト）と参加者、それぞれのワークフローを解説します。

ウェビナーでは、参加者の事前登録を必須とするのか、自由参加なのかによって、準備作業が異なります。なお、ウェビナーのスケジュール登録ができるのは、ホストのみです。パネリストは、本番時にホストと同等の権限を持つことができますが、スケジュール登録そのものはホストが実施します。以下は、事前登録ありのウェビナー開催のワークフローです。

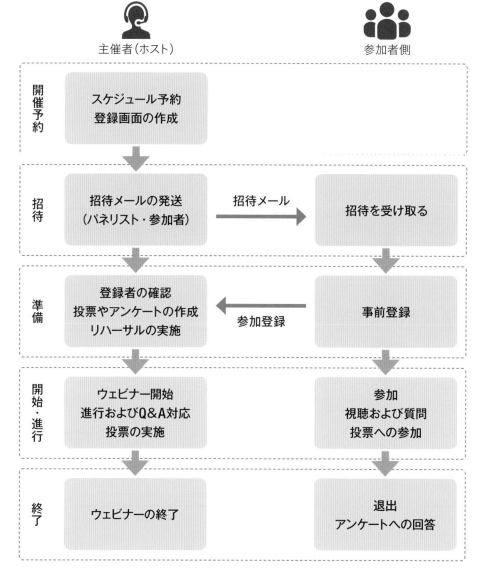

02 新しいウェビナーを スケジュールする

Point
- ●ウェビナー開催が決まったら早めにスケジュール予約しよう
- ●作成したウェビナーはテンプレートに保存して再利用できる

開催するウェビナーを予約する

ウェビナー開催は、多くの参加者が参加することを考えて、日程的に余裕を持った事前予約をしましょう。また、不特定多数の人の参加を想定しているのであれば、コンセプトや内容を詳細に書き、招待を受けた人が参加したくなるウェビナーとして予約しましょう。

1 ウェビナーをスケジュールする

ZoomのWebサイトでサインインしたあと、左側で[ウェビナー]を選択します。右側の内容から[ウェビナーをスケジュールする]ボタンをクリックします。

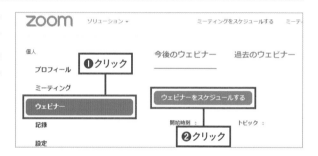

2 開催日時や詳細を設定する

ウェビナーのタイトルを「トピック欄」に入力し、「説明(任意)」を記載します。さらに、開催日時と所要時間を設定します。

HINT 説明を丁寧に書こう

「説明」は必須ではありませんが、セミナーの内容やアジェンダを書くと、内容を貼り付けて招待するなど、活用できます。またパネリストの招待メールには、自動的に「説明」の内容が貼り付けられます。

3 「登録」「ビデオ」の設定を行う

画面をスクロールして、ウェビナー参加時の登録の設定や、パスコード、ビデオのオン／オフを設定します。

HINT 参加対象を限定する際は登録を必須

「登録」を必須にすると、参加者は登録をしないとセミナーに参加できません。

4 機能を設定して［スケジュール］をクリックする

ウェビナー実施に関する機能で、設定したい内容にチェックを付けます。設定ができたら、［スケジュール］ボタンをクリックします。

必要な機能にチェックを付ける

5 ウェビナーの予約ができた

ウェビナーの予約が完了し、設定内容が確認できます。

予約ができた

HINT カレンダーに登録する

「時刻」欄で、普段使用しているカレンダーにウェビナーの予約内容を登録することができます。

予約内容を修正してウェビナー独自の機能を追加する

　予約済みのウェビナーの詳細を変更することができます。参加者を招待する前に修正しておきましょう。何度も修正を繰り返すと、再通知をするなどの手間がかかります。

1　予約済みのトピックを選択する

ウェビナー一覧の[今後の
ウェビナー]を選択すると、予
約されているウェビナーの一
覧が表示されます。修正した
いトピックのリンクをクリック
します。

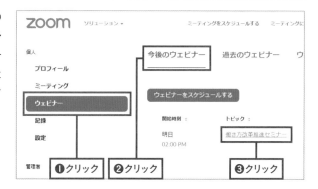

2　[このウェビナーを編集]をクリック

画面をスクロールして、[編集]
ボタンをクリックします。

3　編集を行う

内容を編集します。

HINT ビデオは「オン」に設定する

パネリストのビデオを「オフ」にすると、ウェビナー開始後に、ビデオをオンにすることができなくなります。オンにしておくことで、参加後にオン・オフを切り替えることができます。

198

4 設定を追加して保存する

さらに、設定を確認し、機能を追加して、[保存]ボタンをクリックします。

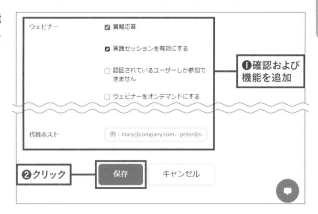

❶確認および機能を追加

❷クリック

HINT テンプレートとして保存する

予約したウェビナーの内容をテンプレートとして保存することができます。同じ内容のウェビナーを再度実施したい場合は、設定内容をそのまま活かすことができるため、保存しておくと便利です。操作方法は、予約や実施済みのトピックをクリックして表示される、「テンプレートとして保存」をクリックするだけです。

クリック

HINT ウェビナー独自の機能設定

ウェビナーには、ミーティングにはない独自の機能があります。設定画面でチェックを付けた場合は、さらにその機能に対する設定が必要なものもあります。

機能名	概要
登録 (P.200参照)	チェックを付けると、参加者は招待メールからリンクをクリックして参加のための事前登録が必須となります。登録時は名前や連絡先などを入力します。身元が明らかな参加者だけを対象としたセミナー等を開催したい場合は登録を必須にすると良いでしょう
質疑応答 (P.216参照)	チェックを付けると、参加者はウェビナー中にホストやパネリストに対して質問をすることができます。ホストやパネリストは質問に対してメッセージで回答したり、ウェビナー中に口頭で回答するなどの対応が必要です。また、不適切な質問に対しては「却下」の措置をとることもできます
実践セッション (P.217参照)	チェックを付けると、事前リハーサルが可能になります。ウェビナーの開始ボタンをクリックした際に、すぐにスタートせず、ホストとパネリストだけが参加した状態で、環境面や進行上の機能を試すこともできます

03 事前登録画面を作成する

事前登録の承認方法を設定する

参加者の「登録」にチェックを入れた際は、事前登録画面を作成します。登録時の必須項目や、登録の承認方法を設定する必要もあります。

1 招待状の登録設定を編集する

「登録」画面の作成をしたいウェビナーのトピックを選択して、[招待状]の「登録設定」の「編集」をクリックします。

2 承認方法を選択する

承認方法を選択します。また、通知、その他のオプションの必要事項も設定しましょう。

設定

HINT
手動承認を選択すると
手動承認を選択すると、ホストが登録内容を確認して承認しないと、参加者はウェビナーの参加情報を得ることができません。

200

質問内容を設定する

　登録時の質問内容を設定します。また、必須項目の設定も行います。個人情報を登録させる場合は、そのセミナーやイベントに必要最低限の内容だけを必須としましょう。

1 質問項目にチェックを付ける

[質問]をクリックし、登録時の質問項目にチェックを付けます。また、必須事項にチェックを付けます。

> 💡 **HINT**
> **必須は入力しないと登録できない内容**
> 必須項目は登録時に入力しないとエラーが表示され、入力するまで登録ができなくなります。

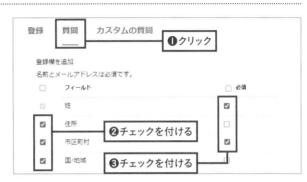

2 登録の設定内容を保存する

設定が完了したら、[全てを保存]ボタンをクリックします。

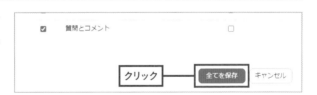

> 🎓 **TIPS**
> **カスタムの質問を作成する**
>
> オリジナルの質問を作成したい場合は、[カスタムの質問]をクリックします。セミナーやイベントに関連した内容をアンケート形式で実施してもよいでしょう。ただ、質問が多くなりすぎないように注意しましょう。

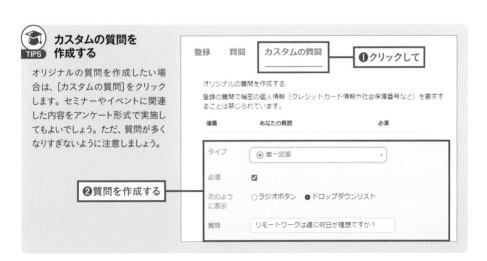

登録者を確認する

参加者への招待（P.205参照）が終了したら、登録者を確認することができます。また、確認だけでなく、承認をキャンセルすることもできます。

1 招待状の「参加者を管理」の[編集]をクリックする

事前登録が必要なウェビナー参加の招待を送ったあと、登録状況を確認しましょう。ウェビナーのトピックを選択して、[招待状]を選択し、「参加者を管理」の「編集」をクリックします。

2 承認済みの参加者の一覧が表示された

承認済みの参加者の一覧が表示されます。確認をしましょう。

HINT 登録内容を確認する

登録者名をクリックすると、参加者が登録時に入力した内容をすべて確認できます。

HINT 承認をキャンセルする

あとから承認をキャンセルするには、登録者名にチェックを付けて、[登録をキャンセル]をクリックします。キャンセルした登録者にはキャンセルメールを送信できます。

04 参加者（パネリスト）を招待する

- ●ウェビナーへの招待はパネリストから実施しよう
- ●パネリストはビデオ参加が可能で、ホストの権限も有する重要なポジション

　パネリストは、ビデオ映像での出演ができたり、Q&Aやチャットへの回答を行う権限を持つなど、ホストの支援者でもあり、参加者の中で重要な役割を果たします。そのため、ウェビナーの招待は、まずパネリストから実施しましょう。

1 予約済みのウェビナーを選択する

予約済みのウェビナー一覧から、トピックを選択します。

2 「招待状」一覧でパネリストを招待する

「招待状」の一覧で、「パネリストを招待」の「編集」をクリックします。

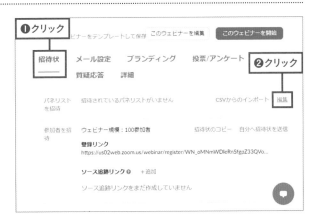

203

3 名前と連絡先アドレスを入力する

登録画面で名前とメールアドレスを入力します。「別のパネリストを追加」をクリックすると入力欄が追加されます。[保存]ボタンをクリックすると、登録したパネリスト全員に招待メールが自動送信されます。

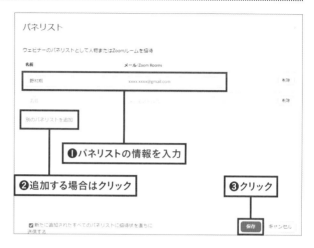

❶パネリストの情報を入力

❷追加する場合はクリック

❸クリック

4 パネリストの登録と招待メール送信が完了した

「パネリストを招待」欄に、登録および招待されているパネリストの一覧が表示されます。

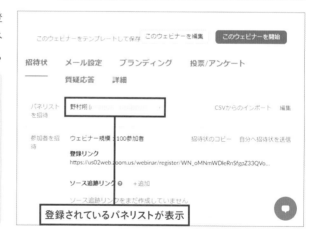

登録されているパネリストが表示

05 参加者(一般)を招待する

Point
● 事前登録必須のウェビナーは招待状をコピーしてメールで招待する
● 誰でも参加できるウェビナーを開催する場合は、参加リンクを貼りつける

メールで招待する

ここでは、事前登録が必要なウェビナーの招待をメールで送る操作を解説します。招待状のひな型をコピーしてメールの本文欄に貼り付ければ、招待状は簡単に作成できます。

1 招待状をコピーする

予約済みのウェビナー一覧から、トピックを選択します。「招待状」の 一覧で、「参加者を招待」の「招待状のコピー」をクリックします。

> HINT
> **自分に招待状を送信してみる**
> どのようなメールが送信されるのかを事前に確認したいときは、「自分へ招待状を送信」をクリックして、内容を確認してみましょう。

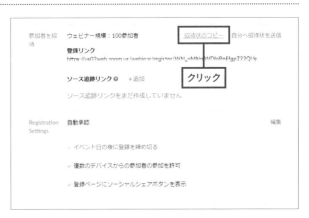

2 参加者の招待状をコピーする

招待状の本文が表示されたら、[参加者の招待状をコピー]ボタンをクリックします。

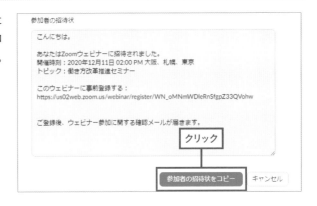

3 メールの本文欄に招待文を貼り付ける

メールアプリを起動して、コピーしたメール本文を貼り付けます。タイトルを入力後、内容を確認し、不要な文章を削除したり、追加したりして招待メールを完成させます。最後に[送信]ボタンをクリックしたら完了です。

BCCを活用しよう

多数の参加者へ招待メールを送る場合は、BCCを活用し、宛先は自分のメールアドレスにしましょう。

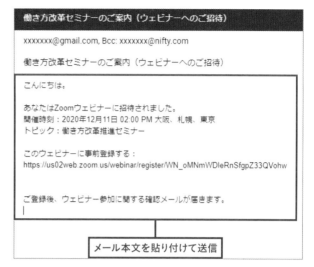

働き方改革セミナーのご案内（ウェビナーへのご招待）

xxxxxxx@gmail.com, Bcc: xxxxxxx@nifty.com

働き方改革セミナーのご案内（ウェビナーへのご招待）

こんにちは。

あなたはZoomウェビナーに招待されました。
開催時刻：2020年12月11日 02:00 PM 大阪、札幌、東京
トピック：働き方改革推進セミナー

このウェビナーに事前登録する：
https://us02web.zoom.us/webinar/register/WN_oMNmWDleRnSfgpZ33QVohw

ご登録後、ウェビナー参加に関する確認メールが届きます。

メール本文を貼り付けて送信

事前の参加登録を不要にした場合はリンクをコピーする

WebサイトやSNS等にウェビナーの告知をする場合は、参加リンクをコピーして貼り付けることもできます。予約したウェビナーを選択した画面で、「参加者を招待」のリンクをポイントすると、右側に[リンクをコピー]ボタンが表示されます。クリックするとリンクがコピーされ貼り付けが可能になります。

招待状　　メール設定　　ブランディング　　投票/アンケート
　　　　　　質疑応答　　詳細

クリックするとコピーされる

パネリストを招待　招待されているパネリストがいません　　CSVからのインポート　編集

参加者を招待　ウェビナー規模：100参加者　　招待状のコピー　自分に...　リンクをコピー
ウェビナーに参加するためのリンク
https://us02web.zoom.us/j/85448093445?pwd=M0tRVHdweE1WCtNRkhx...

参加者へリマインダーメールを送る

メールアドレスが登録されている参加者へリマインダーメールを送ることができます。[メール設定]を開いて「参加者とパネリストにリマインダーメールを送信しない」の[編集]をクリックします。送信するタイミングを選択すると、メール本文が表示されるので、内容を確認して、[保存]ボタンをクリックします。

招待状　　メール設定　　ブランディング　　投票/アンケート　❶クリック
　　　　　　質疑応答　　詳細

❷クリック

メール言語を選択：日本語　　　　　　　　　　　　　　　　　　編集
メール連絡先：花子 毎日・miki-nono@nifty.com　　　　　　　編集
パネリストへの招待メール　　　　　　　　　　　　　　　　　　編集
登録者への確認メール 登録時に送信　　　自分にプレビューのメールを送信｜編集
参加者とパネリストにリマインダーメールを送信しない　　　　　編集

06 ウェビナーの招待が届いたら

Point
- 招待メールが届いたら「登録」が必要なセミナーやイベントは事前登録を行う
- 事前登録は、必須事項を入力することで参加ができる

ウェビナーの事前登録を行う（参加者）

　ウェビナーの招待メールが届いたら、事前登録が必要な場合は、早めに登録をしておきましょう。登録した内容がホスト側で確認後、承認されたら確認メールが届きます。

1 メールを開いて事前登録をする

招待メールが届いたら、事前登録が必要かどうかを確認します。登録が必要な場合は、本文内の「このウェビナーに事前登録する」のリンクをクリックします。

2 登録画面で必要事項を入力する

ウェビナー登録の画面が表示されたら、必要事項を入力します。

「*」は必須事項

「*」がついている項目は必須の入力事項です。入力しないとエラーが表示され、登録ができません。

3 内容を登録する

登録内容の入力が終了した
ら、[登録] ボタンをクリック
します。

4 ウェビナー登録が完了した

ウェビナー参加への事前登録
が完了しました。

登録完了の画面　　　　　ウェビナー登録が完了しました

トピック	働き方改革推進セミナー
説明	今回のウェビナーは、様々な業種の方が参加します。リモートワークによる在宅業務が増えた中、これまでの経験を振り返り、メリット、デメリット、これからのリモートワークのあり方を考えるセミナーです。
時刻	2020年12月14日 02:00 PM 大阪、札幌、東京 カレンダーに追加 ▾
ウェビナーID	840 6582 4219

5 メールを開いて内容を確認する

ホスト側で参加の承認がされ
たら、確認メールが届きます。
メールを開くと、参加のための
リンクや開催されるウェビ
ナーの詳細を確認できます。

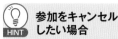 **参加をキャンセル
したい場合**

参加をキャンセルしたい場合は、
メールの下方に表示される、「登録
はいつでもキャンセルできます」を
クリックし、キャンセルのリンクをク
リックします。黙って欠席するのは
マナー違反です。特に人数制限が
あるセミナーやイベントでは、キャ
ンセルを必ず行いましょう。

登録が不要な場合（参加者）

事前登録が不要なウェビナーへの招待は、メール内に参加のための情報が記載されています。

1 メールを開いて内容を確認する

招待メールを開いて、参加のためのリンクやイベントの詳細が記載されている場合は、事前登録は不要です。

招待メールを開いて内容を確認

招待メールの確認（パネリスト）

自分がパネリストとして招待されている場合は、事前登録は不要です。ホスト側でパネリストに向けて招待メールの送信をしている場合は、メールの件名に「（トピック名）のパネリスト」と表示されています。

1 招待メールを開いて内容を確認する

パネリストとして招待されたメールの内容を確認しましょう。

メールを開いて確認する

💡 HINT **カレンダーに登録する**

メール本文内に表示される「カレンダーに追加」をクリックすると、アプリが起動して、ウェビナーの内容を登録できます。

「カレンダー」アプリが起動してウェビナーの詳細が表示

スマホの場合

1 事前登録を開始する

ウェビナーへの招待メールを開いて、事前登録のリンクをタップします。

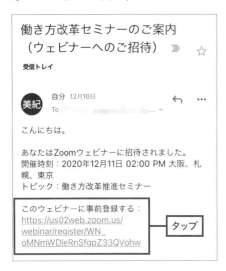

2 登録内容を入力する

登録画面が表示されたら、内容を入力します。

3 [登録]をタップする

登録内容の入力が終了したら、[登録]ボタンをタップします。

4 [登録]が完了した

正しく登録ができると、完了の確認画面が表示されます。ホスト側で登録内容を承認すると、確認メールが送信され、ウェビナー参加に必要な情報が送られてきます。

ウェビナー登録が完了しました

働き方改革推進セミナー

2020年12月14日 02:00 PM

大阪、札幌、東京

ウェビナーID 840 6582 4219

今回のウェビナーは、様々な業種の方が参加します。リモートワークによる在宅業務が増えた中、これまでの経験を振り返り、メリット、デメリット、これからのリモートワークのあり方を考えるセミナーです。

登録が完了した

07 投票画面を作成する

Point
●投票の機能を使うとウェビナー中に参加者に投票してもらうことができる
●投票した集計結果は参加者に共有することも可能

投票画面を作成する

　インタラクティブなセミナーを実施したい場合、ウェビナー中に視聴者が参加できる「投票」機能を使うと非常に効果的です。この投票は事前に作成するとウェビナーに登録され、進行の中で、すぐに使うことができます。

1 [投票/アンケート]で[追加]ボタンをクリックする

予約済みのウェビナー一覧からトピックを選択します。[投票/アンケート]を選択して、「投票」の[追加]ボタンをクリックします。

2 質問内容と回答の選択肢を作成する

投票する際の質問のタイトル、質問内容と選択肢を入力します。また、匿名にする場合はチェックを付けます。参加者が回答する際に「1つの選択肢」(二択)または「複数選択肢」なのかを設定します。

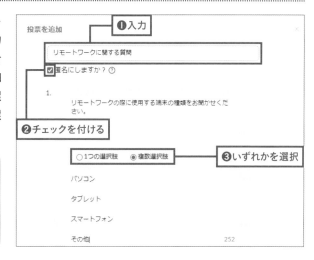

HINT
視聴者は匿名が回答しやすい

質問の内容によって「匿名にしますか?」にチェックを付けましょう。匿名の方が回答しやすい内容もあります。

3 内容を保存する

質問と回答内容の入力が終
了したら、[保存] ボタンをク
リックします。

4 登録した投票のタイトルが表示される

保存が終わると「投票」一覧
で、登録した内容のタイトル
一覧が表示されます。

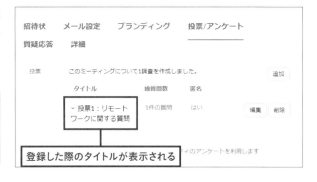

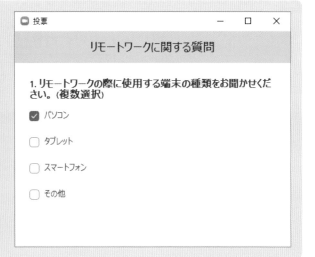

08 アンケートを作成する

Point
- ●ウェビナーに参加した視聴者からアンケートを回収する場合は事前に登録する
- ●Googleフォームなどで作成した内容を登録することもできる

アンケートの作成

ウェビナーの視聴者が退出する際のアンケートを登録することができます。ウェビナーの進行や満足感を調査し、次回に反映するためにもアンケートは非常に重要です。Googleフォームなどで作成した内容も登録可能です。

1 [投票／アンケート]で[追加]ボタンをクリックする

予約済みのウェビナー一覧からトピックを選択します。[投票／アンケート]を選択して、「アンケート」の[新規アンケートを作成]をクリックします。

2 質問内容を入力する

「新規アンケートを作成」画面が表示されました。回答を匿名にする場合は、「匿名にしますか?」にチェックを付けます。

匿名にする場合は
チェックを付ける

3 回答オプションを入力する

質問に対して1つの選択肢を
回答させる場合は、「1つの選
択肢」が選ばれていることを
確認します。質問内容と回答
の選択肢を入力します。

💡HINT
**質問に対し複数の
選択肢を用意する**

質問に対して複数の選択肢を選べ
るように回答させる場合は、「1つの
選択肢」をクリックして、[複数の選
択肢]を選択します。

4 回答の選択肢を作成し保存する

回答の選択肢を入力し、アン
ケートの内容がすべて完成し
たら、[保存]ボタンをクリック
します。

💡HINT
**回答方法は入力前に
選択する**

選択肢の入力後に、回答方法の変
更をすると、入力した選択肢が削
除されてしまいます。必ず、回答方
法を選んでから選択肢を入力しま
しょう。

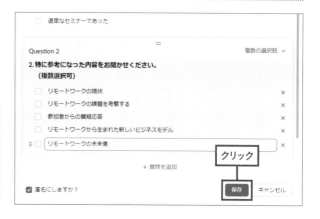

作成したアンケートをプレビューして確認する

作成したアンケートがどのように表示されるのか、画面の状態を確認しましょう。

1 [プレビュー]をクリックする

「投票／アンケート」をクリックし、登録済みの「アンケート」に表示される「プレビュー」をクリックします。

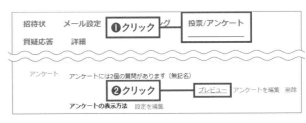

2 アンケートのブラウザ画面が表示された

ブラウザの別画面で、登録したアンケートの内容が表示されます。確認が終了したら、アンケートページのタブを閉じましょう。

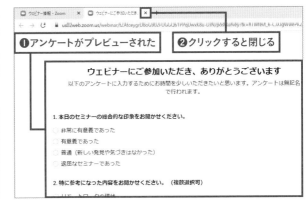

内容を修正するには HINT

アンケートの内容を修正したり、追加したりする場合は、1 の画面で、「アンケートを編集」をクリックして、修正します。

Googleのアンケートフォームを利用する TIPS

Zoomの機能以外でアンケートフォームを作成することができます。Googleフォーム等でアンケートを作成してURLをコピーした後、「アンケート」で、「サードパーティのアンケートを利用します」をクリックして、URLを貼り付けて保存します。これで、視聴者が退出する際に、アンケートフォームにジャンプするメッセージが表示されます。

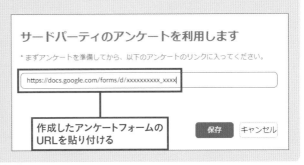

09 質疑応答(Q&A)を設定する

質疑応答の設定を行う

　ウェビナー中に、視聴者は[Q&A]をクリックして質問を送ることができます。質問に対してはホストやパネリストがメッセージなどで回答できます。予約した時点で「質疑応答」が設定できる設定になっています。

1 [質疑応答]で[編集]ボタンをクリックする

予約済みのウェビナー一覧からトピックを選択します。[質疑応答]を選択して、「設定」の[編集]をクリックします。

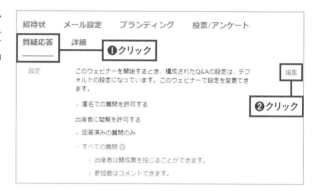

2 設定を確認・変更して保存する

質疑応答の設定内容を確認し、必要に応じて設定内容を変更します。変更した場合は、[保存]ボタンをクリックします。

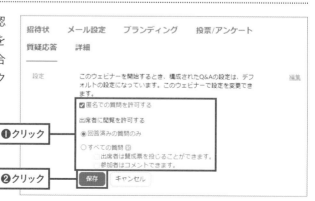

10 リハーサルを行う（実践セッション）

Point
- 予約時に「実践セッション」を有効にした場合は開始前のリハーサルができる
- 実践セッションからそのまま本番をスタートすることもできる

実践セッションで本番前にリハーサルをする

　大掛かりなセミナーやイベントでは、「実践セッション」の機能を使って、事前にリハーサルを行い、進行や役割などを綿密に打ち合わせしておくことが大切です。実践セッションは、ホストとパネリストで行います。日程を決めてウェビナーの招待とは別にパネリストに案内しておきましょう。

1 実践セッションを行うウェビナーの[開始]ボタンをクリック

「今後のウェビナー」をクリックし、実践セッションを行うトピックの[開始]ボタンをクリックします。

HINT　実践セッションの設定を確認する
実践セッションの設定の有無を確認する場合は、ウェビナーのトピックをクリックすると、設定の有無を確認できます。

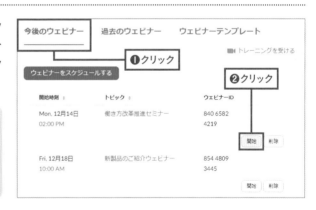

TIPS　Zoomアプリから実践セッションを開始する

ホストは、Zoomアプリから実践セッションを開始することもできます。Zoomアプリの[ミーティング]一覧から、ウェビナーを選択して[開始]ボタンをクリックすると、実践セッションがスタートします。

2 実践セッションが開始した

ウェビナーが、実践セッションとして開始されました。この状態では、参加者は入室できません。

実践セッションで開始した

3 パネリストが入室した

実践セッションにパネリストが入室しました。[参加者]ボタンをクリックしておくと、実践セッションに入室しているパネリストの一覧が表示されます。

❶パネリストが入室した後にクリックすると

❷参加者一覧が表示される

 実践セッションに
HINT 参加者を追加する

実践セッション中にパネリスト以外を招待したい場合は、[参加者]ボタンの右の ▲ から[招待]を選択し、連絡先やメールから招待します。なお、事前登録が必要なウェビナーは、招待された側が承諾した後、事前登録の画面が表示されますので、入室するまでに多少の時間を要します。

選択

 リハーサルを終了する
HINT

実践セッションで、リハーサルが終了したら、[終了]ボタンをクリックして、[全員に対してミーティングを終了]をクリックします。

実践セッションが終わったら、クリックして終了する

11 ウェビナーを開始する

Point
- ●開始時刻よりすこし前に参加者が入室できるようにウェビナーを開始しよう
- ●ウェルカムスライドを準備して画面共有しておくことも可能
- ●開始後は、参加者画面を表示して、参加者の入室状況を確認しよう

ウェビナーの開始

　ここでは、予約済みのウェビナーをZoomアプリから開始する操作を解説します。ブラウザのZoomでサインインしたウェビナー一覧からスタートすることもできます。

1 予約したウェビナーを開始する

Zoomアプリを起動し、[ミーティング]をクリックします。スケジュール済みのミーティング一覧から、予約したウェビナーを選択して、[開始]ボタンをクリックします。

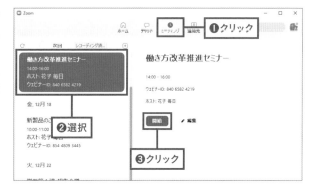

2 [ウェビナーを開始]をクリックする

パネリストが入室しました。[ウェビナーを開始]をクリックしてスタートします。

3 [参加者]ボタンをクリックする

参加者の入室を確認するた
め、[参加者]ボタンをクリッ
クして、参加者の入室状況を
確認します。

4 視聴者の一覧を確認する

[参加者]画面で、[視聴者]
をクリックすると、入室した視
聴者の一覧が表示されます。

Column　開始時刻までウェルカム画面を表示する

　ウェビナーの開始は、スケジュールしておいた開始時刻よりも前に実施します。開始時刻よりも前に参加者が入室した際に、いきなりホストやパネリストの画面が表示されるのはできるだけ避けましょう。事前にセミナーのトピックや簡単な案内が表示されたスライドを作成し、開示時刻まで表示しておきましょう。また、その際ホストやパネリストが映っているビデオは停止しておきます。スタート時刻になったら、画面共有を解除して、ホストの映像を表示します。

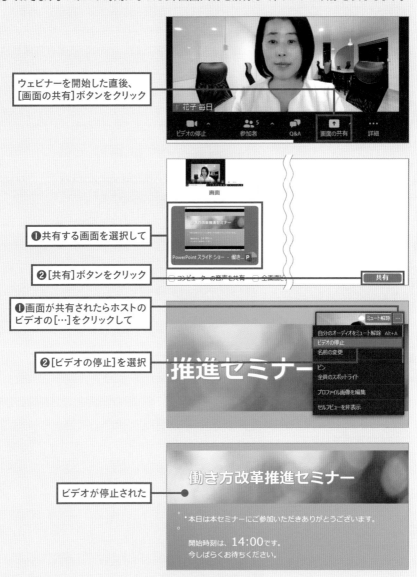

ウェビナーを開始した直後、[画面の共有]ボタンをクリック

❶共有する画面を選択して

❷[共有]ボタンをクリック

❶画面が共有されたらホストのビデオの[…]をクリックして

❷[ビデオの停止]を選択

ビデオが停止された

12 ウェビナーに参加する

Point
●ウェビナーは様々な端末から参加できる
●開始時刻までは、ウェルカム画面などが表示されていることが多い

参加方法

　パソコンからウェビナーに参加する方法を解説します。また、参加者画面の基本構成や使い方を覚えておきましょう。

1 参加リンクをクリックする

事前に受け取っていたウェビナー情報が記載されている招待メールの、参加のリンク(ここをクリックして参加)をクリックします。

公開されているURLをクリックして参加する
HINT
WebサイトやSNSで公開されているURLをクリックして参加することもできます。

「働き方改革推進セミナー」のご登録ありがとうございました。

ご質問はこちらにご連絡ください：miki-nono@nifty.com

日時：2020年12月14日 02:00 PM 大阪、札幌、東京

PC、Mac、iPad、iPhone、Androidデバイスから参加できます：
ここをクリックして参加 ──── クリック
　注：このリンクは他の人と共有できません。あなた専用です。
　パスコード：541904
　カレンダーに追加　Googleカレンダーに追加　Yahooカレンダーに追加
説明：今回のウェビナーは、様々な業種の方が参加します。
リモートワークによる在宅業務が増えた中、これまでの経験を振り返り、メリッ
からのリモートワークのあり方を考えるセミナーです。

2 ウェビナーに参加できた

ウェビナーに参加すると、ホストのビデオまたは、共有された画面が表示されます。

開始時刻までウェルカム画面が共有されていることが多い
HINT
開始時刻までは、ウェルカム画面や動画などが表示されている場合もあります。入室したままで待ちましょう。

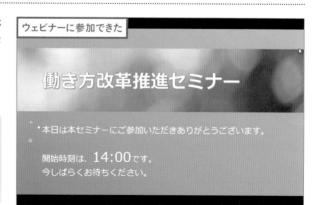

ウェビナーに参加できた

働き方改革推進セミナー

本日は本セミナーにご参加いただきありがとうございます。

開始時刻は、14:00です。
今しばらくお待ちください。

参加者側のウェビナー画面

ウェビナーでは、参加者が使用できる機能は限られています。

参加者側のチャット画面

[チャット]ボタンをクリックすると、参加者とパネリストでメッセージのやり取りができます。参加者同士のチャットはホストによって制限されている場合もあります。

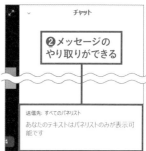

参加者側のQ&A画面

質問がある場合は、[Q&A]ボタンをクリックします。メッセージを入力して送信すると、パネリストからメッセージで回答が送られてきたり、セミナー中に質問内容に対して口頭で回答されます。質問は「匿名」で送ることも可能です。ただし、主催者（パネリスト）側で質問内容が不適切と判断した場合は、「却下」されることもあります。

スマホの場合

　ここでは、招待メールのリンクからウェビナーに参加する操作を解説します。事前登録が不要なウェビナーなどは、WebサイトやSNSに表示されているURLから参加することもできます。

1 メールのリンクをクリックする

招待メールの参加リンク（ここをクリックして参加）をタップします。

ご質問はこちらにご連絡ください：miki-nono@nifty.com

日時：2020年12月14日 02:00 PM 大阪、札幌、東京

クリック

PC、Mac、iPad、iPhone、Androidデバイスから参加できます：
ここをクリックして参加
注：このリンクは他の人と共有できません。
あなた専用です。
パスコード：541904
カレンダーに追加　Googleカレンダーに追加
Yahooカレンダーに追加
説明：今回のウェビナーは、様々な業種の方が参加します。

---

2 アプリで開く

Zoomアプリがインストールされている場合は、[開く]をタップします。これでウェビナーに参加できます。

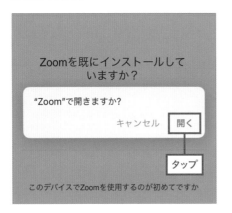

参加者のチャット画面

[チャット]ボタンをクリックするとパネリストに対してメッセージを送ることができます。

❶タップして

❷メッセージを入力して送信

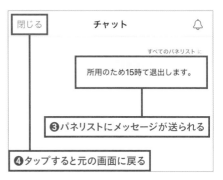

❸パネリストにメッセージが送られる

❹タップすると元の画面に戻る

参加者のQ&A画面

[Q&A]ボタンをタップすると、パネリストに質問ができます。

❶タップ

Q&Aにようこそ

あなたが尋ねる質問はここに表示されます。質問をすべて表示できるのはホストとパネリストだけです。

質問する

❷「質問する」をタップ

❸質問内容を入力して送信

リモートワーク時で残業の付け方について聞いてみたいです。

匿名で送信

❺質問の一覧に戻る

❹タップすると元の画面に戻る

MY Miyako Yokota (自分) 5:15 午後

リモートワーク時で残業の付け方について聞いてみたいです。

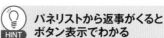

パネリストから返事がくるとボタン表示でわかる

ウェビナーのメイン画面で、パネリストからメッセージがかえってくると、ボタンに数字が表示され、タップすると内容を確認できます。

225

13 ウェビナー進行上の留意点と操作

- ●パネリストとの連携を大切にする
- ●用意した投票などを活用し、参加者を飽きさせない進行を心掛ける

ウェビナー進行上の留意点

ウェビナーはミーティングとは違い、大きなイベントであり、進行には十分注意することが大切です。セミナーやイベントを成功させるためには、ホストだけが全てを抱え込まずパネリストと協力し合い、互いの役割を決めておくことが重要です。

●パネリスト同士の連携を大切にし、互いの役割を決めておく

司会進行、チャットや質問への対応など、誰が何を担当するのかをあらかじめ決めておきましょう。また、トラブルが発生した場合の、対応方法も協議しておきましょう。

●スタート時に参加者へ進行中のグランドルールを伝える

スタート時に、セミナー全体のタイムスケジュールや、進行中のグランドルールを伝え、参加者にも節度を守ってセミナーに参加してもらいましょう。

●参加者が使用できる機能をあらかじめ伝える

セミナー中に参加者が使用できる機能等、できること、できないことを事前に伝えましょう。

●画面共有を効果的に活用する

「セミナーのアジェンダ」や「セミナー中のお願い」等のスライドを作成し、画面共有を使って事前説明を行いましょう。

本日のアジェンダ
1. パネリストの紹介
2. "働き方改革"統計調査報告
3. 実例報告
4. パネルディスカッションと質疑応答
5. 働き方の未来像
6. まとめ

セミナー中のお願い
・質問への対応は、メッセージで回答する場合と、ライブ回答する場合があります。
・質問以外で連絡がある場合は、チャットをご利用ください。
　※参加者同士のチャットはできません。

ウェビナー進行中の操作

　ウェビナー中のホストやパネリストの操作を解説します。参加者が操作できる内容を制限したり、予約した投票機能を実行したりなど、ウェビナー中にできる操作は様々あります。また、ウェビナー進行中に、ホストからパネリストへの連絡手段としてチャットを使いましょう。

■ 参加者同士のチャット機能を制限する

　参加者同士のチャットは、パネリスト側から確認できません。トラブルを防ぐ意味でも、チャットできる対象者はパネリストだけに限定しておくと良いでしょう。

1 [チャット]画面の[…]をクリック

ウェビナー開始後の画面で[チャット]ボタンをクリックして、チャット画面の[すべてのパネリスト・および主席者]の右の […] をクリックします。

2 「すべてのパネリスト」を選択する

「参加者は次とチャット可能：」の一覧から、[すべてのパネリスト]（Macでは[パネリスト]）を選択します。

■ パネリスト宛に届いたメッセージに返信する

　参加者からパネリスト宛に届いたメッセージに返信する場合は、返信先を間違えないように注意しましょう。

1 送信先を選択する

チャット画面で、「送信先」の[すべてのパネリスト]をクリックして、送信先の参加者名を選択します。

2 メッセージを入力して送る

メッセージを入力して [Enter]
キーを押すと、入力したメッ
セージが選択した送信先に
送られます。

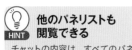

他のパネリストも
閲覧できる

チャットの内容は、すべてのパネリ
ストから閲覧できます。

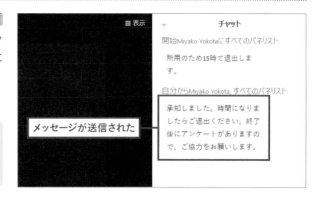

■ 参加者からの質問に回答する

ウェビナー進行中に参加者から送られる質問に対しては、「ライブで回答」「回答を入力」
で対応できます。また、不適切な内容を却下することも可能です。

1 [Q&A]ボタンをクリックする

参加者から質問が送られた
場合は、[Q&A] ボタンに数
字が表示されます。回答する
ためにクリックします。

2 質問に対しての対応方法を選択する

ウェビナー中に口頭で回答す
る場合は、[ライブで回答]を
選択します。メッセージで回
答する場合は、[回答を入力]
ボタンをクリックします。

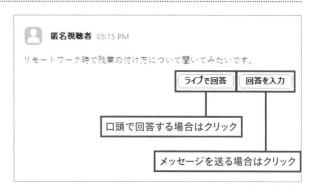

3 回答を入力する

回答を入力したら、[送信]ボタンをクリックします。また、[ライブで回答]をクリックしたら、ウェビナー中に口頭で回答し、[完了]ボタンをクリックしておきます。

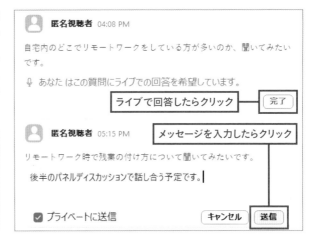

💡 HINT プライベートに送信

「プライベートに送信」にチェックを付けると、質問者だけに回答が送られます。チェックを付けないと匿名の質問であっても参加者全員が閲覧できます。

4 すべての質問が応答済に入った

質問への対応が完了した内容は、[応答済]に入ります。

■ 作成した投票を実行する

「投票」は、視聴者が参加できるアクティビティとして効果的です。ウェビナー予約時に登録した(P.211参照)投票を実行してみましょう。

1 [投票]画面で投票を起動する

[投票]ボタンをクリックします。あらかじめ登録した投票の内容が表示されます。内容を確認したら、[投票の起動]ボタンをクリックします。

2 参加者側の投票がスタートする

投票の内容が視聴者に送られ「進行中」となります。投票した人数や、回答の途中経過が表示されます。投票を締め切る際は、[投票の終了]ボタンをクリックします。

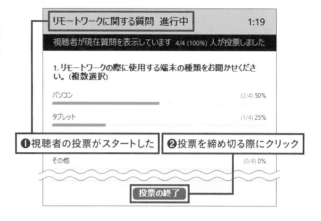

❶視聴者の投票がスタートした **❷投票を締め切る際にクリック**

3 投票結果を参加者に共有する

投票結果を参加者に共有するには、[結果の共有]をクリックします。

HINT

投票を再開したい

投票を終了した後で再開したい場合は、[ボーリングを再開]をクリックします。

クリックして結果を共有する

HINT

参加者側に結果が共有されると

ホスト側から投票の結果が表示されると、集計結果の画面が表示されます。確認したら、[閉じる]ボタンをクリックしましょう。

14 ウェビナーの終了

● ホストは視聴者が全員退出したことを確認してウェビナーを終了しよう
● ウェビナーを終了するとチャットのデータが保存されたフォルダーが開く

ホスト側でウェビナーを終了する

　ホストがウェビナーを終了する際は、視聴者が退出したことを確認しましょう。また、視聴者が退出していない状況で、パネリスト同士が視聴者に対する内容を会話しないように注意しましょう。ウェビナーを終了するまでは、ホストが気を抜かずにいることが大切です。

1 視聴者が退出したことを確認して終了する

参加者画面を開いて、視聴者が退出したことを確認します。[終了]ボタンをクリックして、[全員に対してミーティングを終了]をクリックします。

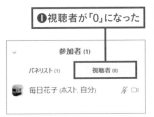

❶視聴者が「0」になった

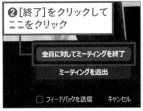

❷[終了]をクリックしてここをクリック

2 記録されたデータのフォルダーが表示される

終了後、チャットのデータが保存されているフォルダーが自動的に開きます。内容を確認する際は、ファイルをダブルクリックします。「メモ帳」が起動して、チャットの内容が表示されます。

❶ダブルクリックで開く

❷チャットのデータが表示

　参加者はウェビナーを退出した後、アンケートへの回答が求められることがあります。アンケートは、主催者にとって貴重なフィードバックです。

1 ［退出］ボタンをクリックする

ウェビナーが終了したら、［退出］ボタンをクリックします。

2 ［ミーティングを退出］ボタンをクリックする

さらに、［ミーティングを退出］ボタンをクリックすると、ウェビナーから退出できます。

アンケートに回答する

アンケートは退出直後に表示されます。回答後、［送信］ボタンをクリックして、ウェビナーへのフィードバックをしましょう。なお、Googleフォーム等のアンケートを使用している場合は、［続行］ボタンをクリックして、ジャンプしたページのアンケートに回答します。

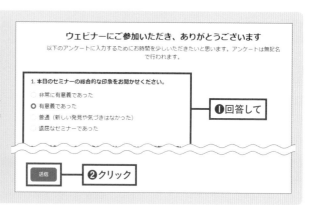

投票やアンケート結果の確認

参加者による投票やアンケートの結果は、ZoomのWebサイトの左側で［レポート］を選び、右側で［ウェビナー］をクリックしてレポートタイプを選択すると、CSVでダウンロードできます。

Chapter7

その他の設定

この章では、これまでの章に入りきらなかった操作や、便利な設定などについて説明しています。「チャンネル」という小規模のグループを作ってコミュニケーションをする方法や、動画教材の作り方、定例ミーティングの開催方法などを説明していますので、ニーズに合わせて目を通してみてください。

チャンネルを作成する

- ●「チャンネル」はグループのメンバー間でのやりとりに適した機能
- ●チャンネルには[プライベート]と[パブリック](有料)の2種類がある

チャンネルの活用場面

「チャンネル」はグループを登録して、グループ内のメンバー間で、タスク管理を行ったり、ミーティングを実施したりする場合に利用すると便利な機能です。

チャンネルの利用は、[チャット]画面で行います。なお、チャンネルの作成は[チャット]または[連絡先]の画面から行います。

主な機能	概要
❶ チャット	チャネル内のメンバー間でチャットメッセージを送り合うことができます。特定のメンバーにだけメッセージを送ることも可能です
❷ ミーティング	ビデオミーティングをメンバー全員ですぐにスタートできます
❸ ファイル共有	ファイルを送信してメンバー間で共有できます。スクリーンキャプチャーした画像を共有することも可能です

チャンネルの作成

　チャンネルには[プライベート]と[パブリック]の2種類があります。パブリックは有料アカウントのみで使用できます。ここでは、組織外の外部ユーザーも参加できるチャンネル作成の手順を解説します。

1 [連絡先]画面で[チャンネル]を選択する

Zoomアプリ起動後の「ホーム」画面で、[連絡先]をクリックします。さらに、[チャンネル]を選択します。

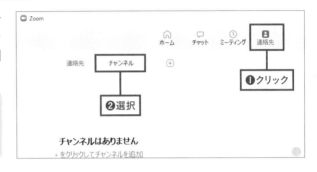

>
> **HINT**
> **[チャット]画面からも作成できる**
> チャンネルの作成は[チャット]画面から作成することもできます。

2 [チャンネルを作成]を選択する

⊕ボタンをクリックして、[チャンネルを作成]を選択します。

3 チャンネル名やチャンネルタイプを設定する

チャンネル名を入力し、チャンネルタイプを選択します。さらに、「プライバシー」で「外部ユーザーを追加できます」にチェックを付けます。設定が完了したら、[チャンネルを作成]をクリックします。これで完成です。

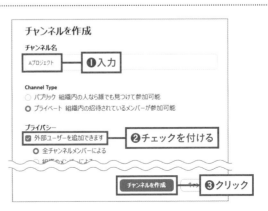

チャンネルにメンバーを追加する

　「パブリック」で作成したチャンネルは、組織内であれば、参加者側からチャンネルを見つけて参加することもできます。ここでは「プライベート」で作成したチャンネルに、管理者がメンバーを招待して参加する方法を解説します。

チャンネル名から[メンバーを追加する]を選択

Zoomアプリ上部で[チャット]をクリックし、チャンネル名をポイントして🔽をクリックします。一覧から[メンバーを追加]を選択します。

💡 スマホでの利用はできる?
HINT

スマホユーザーはチャンネル作成やメンバーの追加はできません。ただ、追加されたメンバーとしてメッセージのやり取りなどは可能です。

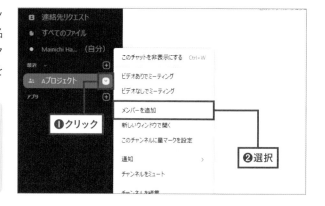

連絡先一覧でメンバーを選択する

「メンバーを追加」画面が表示されました。登録されている連絡先の一覧が表示されるので、追加したいメンバーを全員クリックします。

💡 [検索]ボックスで検索する
HINT

[検索]ボックスにメールアドレスを入力すると、該当のメンバー名が表示されます。出てこない場合は、いったん[連絡先]画面で追加してから、メンバーの追加を行いましょう。

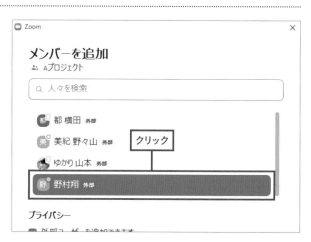

3 メンバーを追加する

追加したいメンバーが検索
ボックスに表示されました。
[#名のメンバーを追加]ボタ
ンをクリックします。

4 チャンネルにメンバーが追加された

メンバーが追加されました。

TIPS パネル内のメンバー一覧を表示する

[チャット]画面右上の[詳細情報]ⓘボタン
をクリックすると、右側にチャンネルの参加
者一覧などの画面が表示されます。
「#名のメンバー」を展開し、メンバー名をポ
イントして表示される[…]ボタンから[メン
バーの追加]を選択して、新しいメンバーを追
加することもできます。また、[…]ボタンから
[削除]を選ぶとメンバーを削除できます。

03 チャンネル内のメンバーと メッセージをやり取りする

Point
- ●チャンネルではメンバー全員に対してメッセージを送信できる
- ●テキストメッセージのほか、録音したオーディオも送れる

メッセージをやり取りする

1 メッセージを入力して Enter キーを押す

[チャット]画面下部のメッセージ欄に入力して、Enter キーを押すと、メンバー全員に対してメッセージが送られます。

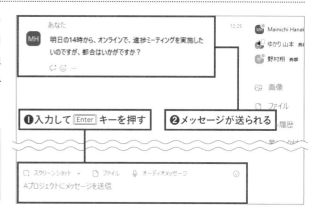

❶入力して Enter キーを押す

❷メッセージが送られる

HINT 途中改行する

メッセージの入力欄で途中改行したい場合は、Shift (Macでは control)＋ Enter を押します。

2 返ってきたメッセージに応答する

メンバーが応答メッセージを送ってきました。こちらから応答する場合は、[応答]と表示されたメッセージ欄をクリックしてメッセージを入力します。

❶メンバーが応答した

❷応答メッセージを入力

HINT スタンプを送る

メッセージ内にスタンプを入力することができます。また、応答をスタンプで返すこともできます。

TIPS 音声メッセージを送信する

メッセージ欄の[オーディオメッセージ]をクリックしてその場で録音される音声メッセージを送ることもできます。

重要なメッセージに「ピン」を設定する

1 メッセージに対して[全員に対してピン留め]を選択

全員で共有したい大切なメッセージをポイントすると表示される […] をクリックして、[全員に対してピン留め] を選択します。

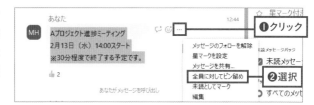

2 詳細画面の[ピン履歴]に表示される

ピン留めされたメッセージの色が変化しました。また、詳細情報画面の[ピン履歴]を表示すると、ピン留めしたメッセージが表示されます。

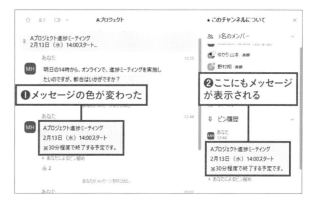

💡 HINT ピンを非表示にする

ピン留めをするとチャット画面の上部にメッセージが固定して表示されます。表示したくない場合は、[…]から[ピンを非表示]を選択します。

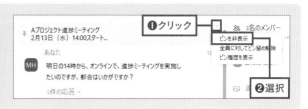

🎓 TIPS 名指しメッセージを送る（メンション）

特定のメンバーだけにメッセージを送る場合は、メッセージ欄に「@」を入力して表示されるメンバーを選択して、メッセージを送ります。

04 メンバー間でファイルを共有する

Point
- ●チャット画面では、パソコンからファイルをアップロードして共有できる
- ●GoogleドライブやOneDriveから共有することもできる

ファイルをアップロードして送信する

1 [ファイル]から[コンピュータ]を選択

メッセージ入力欄にある[ファイル]ボタンをクリックして、一覧から[コンピュータ]を選択します。

> 💡 **HINT 別のドライブを指定する**
>
> 一覧から「OneDrive」や「Googleドライブ」等を選択することもできます。ただし、初めて利用する際に各ドライブの認証が必要です。

2 ファイルを選択する

共有するファイルを選択して、[開く]ボタンをクリックします。

3 ファイルがアップロードされた

ファイルがチャネル内にアップロードされました。

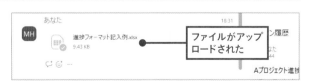

スクリーンショットをアップロードして共有する

画面の一部分をキャプチャして、チャンネルへアップロードできます。あらかじめデスクトップ上にキャプチャしたい画面を開いてから操作します。

1 [スクリーンショット]をクリックする

メッセージ欄の[スクリーンショット]をクリックします。

2 キャプチャする領域を選択する

チャットウィンドウが一時的に非表示になります。キャプチャしたい画面の領域をドラッグで範囲選択します。[キャプチャ]ボタンをクリックします。

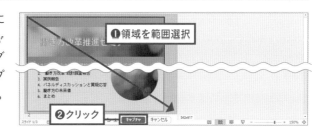

3 画像を確認して Enter キーを押す

メッセージ欄にキャプチャした画像が小さく表示されます。確認後、Enter キーを押すとキャプチャ画像が送信されます。

HINT

Backspace で削除

画像が表示されている状態で Backspace キーを押すと、画像が削除されます。

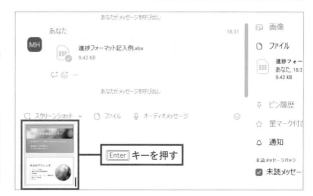

HINT

画像を保存できる

画像をポイントし、…をクリックして、[名前を付けてセーブ]を選択すると、保存も可能です。

05 チャンネルのメンバーで ミーティングを開始する

Point
- チャンネル内でのビデオミーティングは手軽にスタートできる
- ミーティングは録画して後から共有することもできる

1 ［ビデオありでミーティング］を選択する

グループミーティングを開始するには、［ビデオありでミーティング］ボタン □ をクリックします。確認画面で［はい］をクリックします。

2 ミーティングがスタートした

メンバーが招待を承諾すると、ミーティングがスタートします。ミーティング中に使用できる機能は、通常と同様です。

ミーティングがスタート

HINT 録画して後から共有する
不参加のメンバーがいた場合、ミーティングを録画して、あとからチャット画面にアップすることも可能です。

TIPS スタート前にメンバーの状況を確認する
◎ボタンで表示される［詳細情報］では、メンバー名の一覧が表示できます。ミーティングをスタートする前に、全員の状態を確認しましょう。名前の右上のアイコンの色がグレーになっている場合は、Zoomを起動していないメンバーです。

❶アイコンの色で相手の状況が分かる

❷ミーティング中のアイコン
❸Zoom未起動のアイコン

06 Zoomで録画した内容を 動画教材として活用する

Point
- バーチャル背景にスライドを設定するのがおすすめ
- 録画内容はMP4として保存され、そのまま動画教材として利用できる

　Zoomのレコーディング機能（P.156参照）と画面共有（P.166参照）を使って、動画教材や動画マニュアルを作成できます。一般的にはPowerPointで作成したスライドを画面共有し、スライドショーを実行して録画します。録画内容はMP4として保存され、そのまま動画教材として活用できます。また、YouTubeにアップするとオンデマンド型教材として利用できます。

1 [画面の共有]で[バーチャル背景としてのPowerPoint]を選択する

ミーティング画面を開いて、[画面の共有]（P.166）をクリックします。[詳細]を選択して、[バーチャル背景としてのPowerPoint]（Macでは[バーチャル背景としてのスライド]）をクリックし、[共有]ボタンをクリックします。

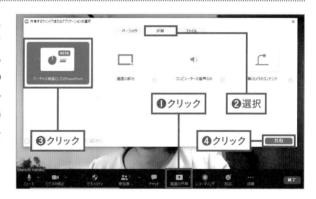

2 説明者の大きさと配置を調整する

PowerPoint（MacではKeynoteまたはPowerPoint）のファイルを選択すると、スライドが背景となって画面共有ができます。自分の映像をクリックすると枠線が表示され、四隅をドラッグすると、拡大縮小ができます。また、ドラッグで任意の位置に移動できます。

3 レコーディングを開始する

画面が整ったら、[レコーディング] ボタンをクリックして、保存先を選択します。なお[クラウドレコーディング]は有料プランでのみ選択できます。

4 ミーティングを終了後、MP4ファイルを開く

録画がスタートしたら、スライドを操作しながら説明を開始します。終了後は、レコーディングを停止し、ミーティングを終了します。終了後に表示されるフォルダーからMP4ファイルを開くと、録画したデータが表示されます。

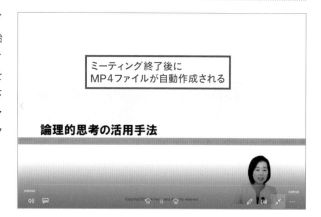

ミーティング終了後に
MP4ファイルが自動作成される

論理的思考の活用手法

YouTubeにアップする
HINT

作成した動画をYouTubeにアップして、オンデマンド型教材として利用することもできます。アップする際は、公開設定において「限定配信」等、URLからのみ閲覧できる形式にしましょう。
なお、「非公開」を選択して、指定したメンバーだけが視聴できるように設定することもできます。

❶YouTubeを開いて
[作成]🎥 ボタンを
クリック

▶ 動画をアップロード
((•)) ライブ配信を開始

❷[動画をアップロード]を選択して
ファイルをアップロード

公開設定
動画の公開日時と、視聴できるユーザーを選択

❸公開設定の選択では、
「限定公開」を選択

⦿ 保存または公開
動画は公開、限定公開、非公開のいずれかにします。

○ 非公開
自分と自分が選択したユーザーのみが動画を視聴できます

⦿ 限定公開
動画のリンクを知っているユーザーが動画を視聴できます

参加者が参加・退出する際にわかるように設定したい

参加者がミーティングに参加するときや、退室するときにチャイムを鳴らして知らせることができます。

ZoomのWebサイトでサインインし、[設定]から[誰かが参加するときまたは退室するとき音声で通知]をオンにします。

誰に対して音声を再生するのかなどをさらに設定することができます。

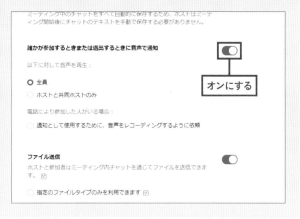

PCにレコーディングする場合の保存先を変更したい

レコーディングしたファイルは、ローカルに保存する場合、初期設定ではドキュメントの中の「Zoom」フォルダーに保存されます。この保存先を変更することができます。

Zoomアプリでサインインしたホーム画面の[設定]から[レコーディング]をクリックして「録画の保存場所:」の[変更]をクリックします。

[フォルダーの参照]ウィンドウが表示されるので、保存する場所を選択して[OK]をクリックします。

なお、[ミーティング終了時のレコーディングファイルの場所を選択します]のチェックを付けると、ミーティング終了時に「どこに保存しますか?」と表示されて、保存先をその都度指定することができます。

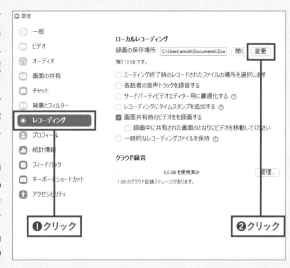

07 Googleカレンダーと連携して定例ミーティングを予約したい

Point
- ●ZoomからGoogleカレンダーに連携する
- ●Googleカレンダーの機能で定例ミーティングを設定する

Googleカレンダーに、ミーティングの予定を追加してみましょう。Googleカレンダーの予定から簡単にミーティングに参加することができます。

1 スケジューラーウィンドウを表示する

Zoomアプリのホーム画面で[スケジュール]をクリックします。

2 スケジュールを設定する

トピックを入力して、開始日時や持続時間を設定します。
ミーティングIDは[自動に生成]が選択されていることを確認します。
[Googleカレンダー]をクリックして選択します。
最後に[定期的なミーティング]にチェックを付けて、[保存]をクリックします。

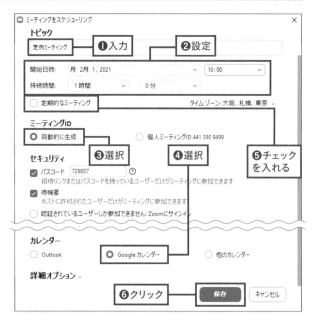

3　アカウントを選択する

Googleのアカウントを選択して、アクセスを許可します。

4　繰り返しを設定する

定例ミーティングを繰り返す周期を設定します。
[保存]をクリックして、定例ミーティングの設定を保存します。

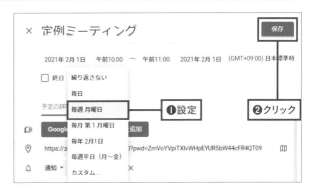

5　カレンダーにミーティングの予定が追加された

Googleカレンダーに定例ミーティングの予定が設定されました。
予定をクリックして、URLから会議に参加することもできます。

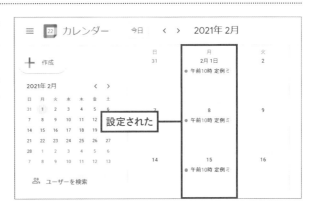

PC起動時にZoomを自動的に起動する

　常にZoomを使用するという場合は、パソコンを起動したと時にZoomも起動するように設定しておくと便利です。この操作はWindowsのみで可能です。

　Zoomアプリでサインインしたホーム画面の[設定]から[一般]の[Windows起動時にZoomを起動]にチェックを付けます。

Zoom利用中、一時的に連絡が来ないようにしたい

　自分の状態をステータスアイコンで、相手に「利用可能」「退席中」「着信拒否」などを表示できます。なお、自分の状態を示すステータスアイコンを表示するには、相手が自分のアカウントを連絡先に登録している必要があります。

　Zoomアプリの右上のアイコンをクリックして、[着信拒否]にマウスポインターを合わせて、着信拒否にしている時間を選択します。

　設定すると、アイコンには赤いステータスアイコンが付きます。

　ただしステータスアイコンで「着信拒否」などを表示している相手に対しても、ミーティングに招待したり、チャットを送信することは可能です。

Column Outlookとの連携

　プラグインを利用すると、OutlookでZoomのミーティングをスケジュールしたり、Outlookからインスタントミーティングを開始することができます。この操作はWindowsのみで可能です。

　「https://zoom.us/download」から[Microsoft Outlook用Zoomプラグイン]をクリックしてダウンロードします。ダウンロードしたファイルをダブルクリックして、インストールします。

　Outlookを起動します。[ミーティングをスケジュールする]をクリックし、ミーティングの設定をします。

　または[インスタントミーティングを開始]をクリックして、[画像付きで開始]または[画像無しで開始]を選択すると、ミーティングを開始できます。

Column ミーティングのリマインダーを設定する

　ミーティングが始まる前の時間を設定して、画面にお知らせを表示します。

　Zoomアプリのホーム画面の[設定]から[一般]の[予定されているミーティングの]の右をクリックして、ミーティングの何分前にお知らせを表示するのか、希望の分数を選択します。

　画面にお知らせが表示されます。[開始]をクリックするとミーティングを開始できます。

有料アカウントなのに「共同ホスト」の設定ができない

ホストが共同ホストを加えるには、共同ホストの設定をオンにする必要があります。

ZoomのWebサイトでサインインした[設定]の[ミーティング]タブから、[共同ホスト]をオンにします。

動画の音声が聞こえない

画面共有をするときに[コンピューターの音声を共有]にチェックを付けるのを忘れてしまうと、動画を共有する場合、音声が相手に聞こえません。共有した画面からでも音声を聞こえるようにできるので、覚えておくと慌てずに済みます。

ミーティングコントロールの[詳細]から[音声を共有]をクリックします。この操作はWindwsのみで可能です。

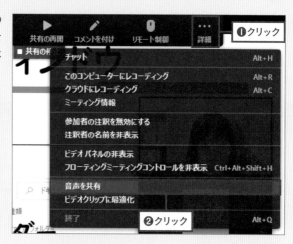

08 自分の音声が相手に聞こえない

Point
- Zoom上でマイクのアイコンを確認しよう
- 使用するマイクを変更してみる

　マイクのアイコンが「ミュート」や「オーディオに接続」になっている場合は、音声が相手に届いていない状態です。クリックして設定を変更しましょう。

1 ミュートを解除する

マイクのアイコンに赤い斜線が表示されている場合はクリックしてミュートを解除します。

2 オーディオに参加する

[オーディオに接続]となっている場合は、マイクがZoomアプリに接続されていない状態です。クリックして表示される[コンピューターでオーディオに参加]をクリックします。

使用するマイクを変更する
TIPS

使用する外部接続マイクが認識されていない場合は、相手に音声が届きません。マイクの種類を変更しましょう。
Zoomアプリでサインインしたホーム画面の[設定]から[オーディオ]をクリックします。[マイクのテスト]の右にある▽をクリックして、使用するマイクを選択します。

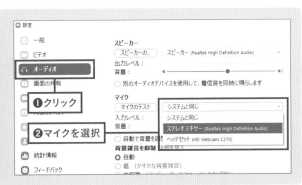

251

音声が小さい

相手に届く音が小さい場合は、マイクのボリュームを調整しましょう。

Zoomアプリのホーム画面の[設定]から[オーディオ]をクリックします。[自動で音量を調整]のチェックを外して、[マイク]の[音量]のスライダーを右にドラッグすると音量を上げることができます。

相手の声が小さい場合は、タスクバーの[スピーカー]アイコンをクリックして、スライダーを右にドラッグするとスピーカーの音量を上げることができます。Macの場合は F12 キーで音量を上げます。

スマホのマイクとカメラ

スマホの音声が聞こえない場合や、画像が表示されない場合は、Zoomの設定からマイクやカメラを確認しましょう。

スマホの[設定]から[Zoom]をタップして、[マイク]や[カメラ]をオンにします。

09 バージョンアップへの対応

Point
- ●最新のバージョンを使うようにしよう
- ●バージョンアップがあるかは自分で確認する

Zoomは不具合の修正や新機能を追加して、アップデートしています。ここでは現在のバージョンを確認して更新する方法を解説しています。Zoomは最新のバージョンを使うようにしましょう。

1 アップデートを確認する

Zoomアプリの右上のアイコンをクリックして、[アップデートを確認]をクリックします。

HINT アプリに表示されることも

Zoomアプリのウィンドウに「新しいバージョンを使用できます。」と表示される場合もあります。[更新]をクリックするとアップデートが開始されます。

2 アップデートを確認する

「更新可能！」というメッセージが表示されたら、[更新]をクリックします。アップデートが開始され、Zoomの最新のバージョンが使用できるようになります。
[後で]をクリックすると、この画面は一旦閉じます。都合の良い時間に更新しましょう。

【アルファベット】

Business ………………………………… 15
Enterprise ……………………………… 15
Googleカレンダー ……………………139
MP4ファイル …………………………158
Outlook …………………………………139
PowerPoint ……………………………175
Pro ………………………………………… 15
Snap Camera …………………………… 79
Zoom ……………………………………… 12
Zoom Meetingを開く ………………… 86

【あ行】

アカウント ……………………………… 30
アカウントの切り替え ………………… 29
アカウントを登録 ……………… 23, 26
新しい共有 ……………………………167
アプリ版 ………………………………… 20
アンケートの作成 ……………………213
インストール ………………… 21, 25
インターネットを使用した通話 ………144
ウェビナー ………………… 52, 194
ウェビナーに参加 ……………………222
ウェビナーの終了 ……………………231
ウェビナーのフロー …………………195
ウェビナーをスケジュールする ………196
ウェビナーを開始 ……………………219
エコーキャンセラー …………………… 59
オンライン授業 ………………………… 48
オンラインレッスン …………………… 46

【か行】

会議履歴 ………………………………191
会議を開始 ……………………………141
外見を補正する ………………………… 76
回線 ……………………………………… 62
画像をインポート ……………………… 83
カメラ …………………………………… 60

画面共有 ……………… 31, 101, 103, 166, 173
画面分割 ………………………………104
カンファレンスカメラ ………………… 60
起動 ……………………………………… 28
ギャラリービュー ……………… 99, 147
共同ホスト ……………………………145
共有の一時停止 ………………………167
挙手 ……………………………………113
クラウドにレコーディング …………161
グループ分け …………………………181
研修 ……………………………………… 50
このウェビナーを編集 ………………198
コメントをつける ………… 106, 108, 167, 169
コメントを保存 ………………………170
コンピューターでオーディオに参加 ………… 65

【さ行】

参加 ……………………………………… 30
参加者 …………………………………… 31
参加者を確認 …………………………… 92
参加者を招待 …………………………205
システム要件 …………………………… 17
事前登録 ………………………………188
事前登録画面 …………………………200
質疑応答 ………………………………215
実践セッション ………………………217
自動で割り当てる ……………………181
自動保存 ………………………………177
終了 ……………………………………… 31
招待 ……………… 138, 140, 150, 152
照明 ……………………………………… 61
照明の調整 ……………………………… 77
ショートカットキー …………………… 34
新規ミーティング ……………… 30, 142
スケジュール …………………30, 132, 134
スピーカー ……………………………… 58
スピーカーのテスト …………………… 66
スピーカービュー ……………………147

すべてのセッションを開始 …………………183
すべてミュート ……………………………154
セキュリティ ……………………………… 31
セキュリティ対策 …………………………… 56
設定……………………………………… 30, 66
全員に対してピン留め ……………………239

【た行】
チャット ……………………………… 31, 118
チャットの保存 ……………………………177
チャットを無効化 …………………………163
チャンネル ……………………………42, 234
通信環境…………………………………… 18
定例ミーティング ……………………40, 246
動画教材……………………………… 54, 243
投票画面……………………………………211

【な行】
名前の変更 ……………………………… 94
ノイズキャンセリング ……………………… 58

【は行】
バージョンアップ …………………………253
バーチャル背景 ………………………70, 72
バーチャル背景としてのPowerPoint ………175
ハウリング ………………………………… 59
パネリスト ……………………………53, 203
パネリストを招待 …………………………204
ビデオの停止 …………………………31, 155
ビデオフィルター ………………………… 71
ビデオ付きで参加 ………………………… 64
表示名の変更 ……………………………… 74
ピンを選択する ……………………………148
ファイル添付 …………………………121, 123
ファイルを共有 ……………………………240
フィードバック ………………………115, 117
プライベートチャット………………………127
ブラウザ版 ………………………………… 19

ブレイクアウトセッション ………… 49, 51, 179
ブレイクアウトルーム ………………… 31, 181
ブレイクアウトルームに入る………………185
プレゼンテーション ……………………… 44
プロフィール ……………………………… 32
ヘッドセット ……………………………… 59
ホーム……………………………………… 30
ホスト………………………………………145
ホワイトボード ……………………………171
ホワイトボードを保存 ……………………172

【ま行】
マイク ……………………………………… 58
マイクとカメラのテスト…………………… 63, 67
ミーティング………………………………133
ミーティングID ………………………… 80
ミーティングのロック ……………………164
ミーティングパスコード…………………… 90
ミーティングのフロー ……………………… 39
ミーティングへの招待を表示 ……………138
ミュート ……………………… 31, 97, 153
メンバーを追加する ………………………236

【ら行】
リアクション ……………………………… 31
リハーサル…………………………………217
リマインダー ……………………………… 249
リモート制御 …………………………109, 167
レコーディング …………………… 31, 156, 160
レコーディング済み ………………………191
連絡先……………………………… 135, 137
録画……………………………………156, 160

STAFF

DTP	富 宗治
ブックデザイン	納谷祐史
担当	伊佐知子
	古田由香里

本書の内容に関するお問合せは、pc-books@mynavi.jpまで、書名を明記の上お送りください。電話による
ご質問には一切お答えできません。また本書の内容以外についてのご質問についてもお答えできませんので、
あらかじめご了承ください。

ズーム メ ザ タツ ジン キ ホン アンド カツ ヨウ ジュツ
Zoom 目指せ達人 基本&活用術

2021年3月10日　初版第1刷発行
2021年11月5日　　第3刷発行

著者	川上恭子、野々山美紀
発行者	滝口直樹
発行所	株式会社 マイナビ出版
	〒101-0003　東京都千代田区一ツ橋2-6-3　一ツ橋ビル 2F
	TEL：0480-38-6872（注文専用ダイヤル）
	TEL：03-3556-2731（販売）
	TEL：03-3556-2736（編集）
	編集問い合わせ先：pc-books@mynavi.jp
	URL：https://book.mynavi.jp
印刷・製本	株式会社ルナテック

©2021 川上恭子、野々山美紀, Printed in Japan
ISBN：978-4-8399-7499-2